高等职业教育系列教材

U0379844

"德、技、理、实"四位一体的开发理念

# 光传送网络（OTN）运行与维护

主　编｜闫海煜　李映虎

副主编｜周　鑫　黄天雨　姚先友

参　编｜余月华　李方健　何　川

机械工业出版社
CHINA MACHINE PRESS

本书秉承"德、技、理、实"四位一体的开发理念,体现德育育人、工程项目引领、任务驱动的编写思路。本书介绍了光纤传输网的基础理论,包括 SDH、WDM、OTN 等相关原理;详细介绍了华为 OTN OptiX OSN 1800 V 型的设备架构、网络组网、设备安装、业务开通及网络运行维护等相关技术。通过对本书的学习,读者可以对光纤传输网的基础理论及华为 OTN 设备有一定的了解。

　　本书可作为高等职业院校通信类、计算机类等专业的教材,也可作为工程技术人员的参考用书。

　　本书配有微课视频,扫描二维码即可观看。另外,本书配有电子课件,需要的教师可登录机械工业出版社教育服务网(www.cmpedu.com)免费注册,审核通过后下载,或联系编辑索取(微信:13261377872,电话:010-88379739)。

**图书在版编目(CIP)数据**

光传送网络(OTN)运行与维护/闫海煜,李映虎主编.—北京:机械工业出版社,2023.8

高等职业教育系列教材

ISBN 978-7-111-73292-1

Ⅰ.①光… Ⅱ.①闫…②李… Ⅲ.①光传送网-高等职业教育-教材 Ⅳ.①TN929.1

中国国家版本馆 CIP 数据核字(2023)第 102251 号

机械工业出版社(北京市百万庄大街22号　邮政编码100037)
策划编辑:和庆娣　　　　　　责任编辑:和庆娣　周海越
责任校对:肖　琳　张　薇　　责任印制:常天培
北京机工印刷厂有限公司印刷
2023 年 8 月第 1 版第 1 次印刷
184mm×260mm · 12 印张 · 310 千字
标准书号:ISBN 978-7-111-73292-1
定价:55.00 元

电话服务　　　　　　　　　　网络服务
客服电话:010-88361066　　机 工 官 网:www.cmpbook.com
　　　　　010-88379833　　机 工 官 博:weibo.com/cmp1952
　　　　　010-68326294　　金 书 网:www.golden-book.com
**封底无防伪标均为盗版**　　机工教育服务网:www.cmpedu.com

# Preface
# 前　言

　　目前，我国已经建成了全球规模最大的光纤网络，固定宽带全面普及，网络速率已位居全球上等水平，百兆以上光纤成为用户普遍的选择，千兆宽带也逐渐深入人心。在2020年，"新基建"政策为信息通信网络的快速发展带来了新的契机，光纤承载网是发展"新基建"的重要基础设施和必要前提，其发展水平更是成为衡量国家综合实力的一项重要指标。

　　党的二十大报告指出，加快建设制造强国、质量强国、航天强国、交通强国、网络强国、数字中国。以OTN技术为基础的千兆固网是我国新型基础设施的重要组成部分，也是万物互联时代实现网络强国建设的重要支撑。在这样的背景下，光纤承载网技术已经逐渐形成了巨大的市场需求，对OTN设备安装调试、运行维护的技术人才需求也越来越大。

　　本书以华为OTN OptiX OSN 1800 V型设备为载体，以校企合作的华为ICT学院平台为基础，秉承"德、技、理、实"四位一体的开发理念编写而成。专业教师团队与企业行业专家根据行业OTN工作岗位典型工作任务对从业人员的知识、技能、素质及德育要求选取教材编写内容，且融入了大量的工程实际项目与企业培训资料。依据人才培养方案及行业企业典型工作岗位能力分析，以就业为导向，以职业需求为目标，以学以致用为原则，以工程项目和工作任务为单元构建模块化课程体系。采用模块化项目式设计思路，将内容确定为四个项目，即夯实光纤传输网络基础理论、解析OTN设备架构及组网、OTN业务配置、OTN运行与维护每个任务后附有习题。本书不仅适用于职业院校教学，也适用于企业新入职员工培训。

　　本书介绍的OTN设备安装、OTN业务开通和OTN运行与维护需要现网运行的真实华为OTN设备才能开展教学，VR操作平台还处于校企联合开发阶段。

　　本书由闫海煜、李映虎担任主编，周鑫、黄天雨、姚先友担任副主编，参与本书编写的还有余月华、李方健、何川。参加本书程序调试工作的有李映虎、黄天雨、周鑫、姚先友、余月华、任志勇、李方健、刘良华、熊杰等。本书的顺利出版，要感谢重庆电子工程职业学院和华为技术有限公司给予的大力支持和帮助。

　　本书是"OTN光传输设备运行与维护"在线开放课程的配套教材，读者可以通过中国大学MOOC平台进行在线课程的学习。

　　由于时间仓促，书中难免存在不妥之处，请读者批评指正，并提出宝贵意见。

编　者

# 二维码资源清单

（续）

（续）

| 序号 | 名称 | 图形 | 页码 | 序号 | 名称 | 图形 | 页码 |
|---|---|---|---|---|---|---|---|
| 41 | 4.1.2　OTN 板内与客户侧 1+1 保护 | | 150 | 45 | 4.2.2　常见故障案例分析 | | 161 |
| 42 | 4.1.3　实训：ODUk SNCP 配置 | | 153 | 46 | 4.2.4　实训：OTN 设备侧日常维护 | | 167 |
| 43 | 4.2.1　故障处理准备及定位思路 | | 158 | 47 | 4.2.5　实训：OTN 网管侧日常维护 | | 171 |
| 44 | 拓展学习 网元同步、告警、性能监视配置 | | 159 | | | | |

# 目 录 Contents

# 项目 4 OTN 运行与维护 …………………………… 147

# 附录 常用缩略语中英文对照表 ……………… 179

# 参考文献 …………………………………………… 183

# 项目 1　夯实光纤传输网络基础理论

自古人类就有"千里眼、顺风耳"的梦想，人类渴望能随时听到、看到千里之外发生的事情。随着现代通信技术的发展，依靠光传输网每个人都可以看到、听到千里之外所发生的事情，光传输网到底有什么神奇的奥秘能使人类成为"千里眼、顺风耳"？本项目就来介绍光传输网的传输原理，其主要内容包括光传输网的概念、发展、技术演进、各种体制标准及光传输网在通信网中的地位与功能，SDH 系统原理，WDM 系统原理，OTN 系统原理等。

 项目目标

- 了解光传输网的发展及技术演进。
- 理解光传输网在通信网中的功能与地位。
- 掌握各种光传输体制的概念、体制标准、速率及传输性能。
- 掌握 SDH 系统帧结构、开销字节应用原理、复用映射原理、保护原理。
- 掌握 WDM 系统组成、波段划分、光纤结构、光纤传输特性、光无源器件、光电监控原理。
- 掌握 OTN 系统分层与接口、帧结构、复用映射原理、开销字节应用原理、网络组网原理。

 知识导引

项目1　夯实光纤传输网络基础理论

认识光纤传输网
- 光传输网的产生与发展
- 光传输网在通信网中的位置与功能
- 各种光传输网的概念、体制标准与传输性能

SDH 系统原理解读
- SDH 帧结构
- SDH 开销字节及应用
- SDH 复用映射结构
- SDH 保护原理

WDM 系统原理解读
- 光纤的损耗与色散
- 各种光纤传输特性
- 光无源器件
- WDM 光电监控技术

OTN 系统原理解读
- OTN 分层结构与接口
- OTN 复用和映射
- OTN 帧结构与开销字节
- OTN 组网及应用

# 任务 1.1 认识光纤传输网

**任务描述**

光纤通信是人类 20 世纪最伟大的技术发明之一，是互联网、通信网、广播电视网的基础，也是几乎所有网络业务应用的基石。没有光纤通信，再先进的计算机和路由器也只是一个个孤零零的网络节点，无法构成网络。人们所熟知的移动互联网、大数据、云计算、虚拟现实、深度学习都只是空中楼阁。那么，你了解光纤通信的发展吗？你知道光纤传输网在通信网中的地位和功能吗？你知道光纤传输网都有哪些体制标准吗？那么，我们还等什么呢？让我们从这里出发开启光传送网络（Optical Transport Network，OTN）的大门吧！

**任务目标**

- 能阐述光纤通信的发展历程及重要科研技术领军人物。
- 能够知道、理解光纤传输网在通信网的地位和功能。
- 能掌握历代光传输网的概念、体制标准、传输性能及特点。

## 1.1.1 光传输网的产生与发展

**1. 光通信的产生**

光通信可以说是一门既非常古老又较新的技术。在中国和西方古代典籍中，有许多关于用光来发送信号、传递信息的记载。西汉史学家司马迁的《史记》中记载，春秋战国时期，列国为了

1.1.1
光传输网的产生
与发展

争霸，互相防守，开始修建万里长城，抵御外敌入侵。当有外敌入侵时，可以点燃烽火台的狼烟，如图 1-1 所示，一座座烽火狼烟点起，外敌入侵的消息在一炷香的时间就从边关传送到都城，为抵御外敌的入侵提供了及时的消息。

在西方也有类似的记载，约公元前 300 年，在埃及亚历山大港的法罗斯岛上，托罗密王朝法老托罗密二世建造了亚历山大法罗斯灯塔，利用灯塔光进行通信，如图 1-2 所示。据说它的高度达到 150m，灯光在数百米外都能看见，这是古代世界七大奇迹之一。

图 1-1 古代长城烽火狼烟光通信

图 1-2 灯塔光通信

★ **小贴士**

除了古代使用光信号来传递信息之外，今天也有使用光信号来传递信息的事例，比如旗语，在 2017 年上影的由吴京等主演的影片《战狼Ⅱ》中，冷锋（吴京扮演）为了营救自己的同胞，通过交战区时高举中国国旗，将大国的形象展现于世人面前，虽无一枪一弹，但仍让人热血沸腾。充分体现了国强则民强，国强，国民就能扬眉吐气，不受欺凌。

这些古代和现代的光通信有一个共同的特点就是用可见光作为信号,在大气中直接传输信号。显然,这在实际应用中会受到很多限制,如很难找到合适的信号源,树木、建筑物的遮挡,强烈的太阳辐射,以及无法避免雨、雪、雾等天气因素。所以严格来说,上述这些都不能称之为真正意义上的光通信。

真正意义上的光通信必须解决两个最基本的问题:一是必须有稳定、低损耗的传输介质;二是必须有高强度、可靠的光源。

**2. 光纤通信的产生**

光纤通信的产生历程如图 1-3 所示,1958 年阿瑟·伦纳德·肖洛与查尔斯·哈德·汤斯揭示激光器工作原理之后,1960 年美国科学家梅曼率先研制出红宝石激光器,该激光器可以作为光纤通信理想的光源。后来又发明了氦氖激光器、二氧化碳激光器等。

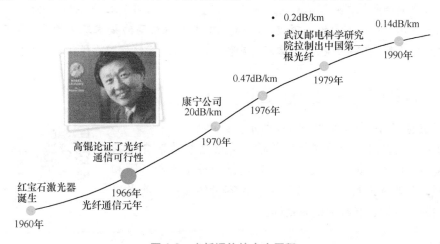

图 1-3　光纤通信的产生历程

1966 年,美籍华人高锟和霍克哈姆发表论文,率先提出可以用提纯的石英玻璃纤维(即光导纤维,简称光纤)作为光通信的介质,并且预见低损耗光纤可用于通信,为真正意义的光通信奠定了重要的基础,高锟也因此获得了 2009 年的诺贝尔物理学奖。

1970 年,康宁公司根据高锟的提纯建议研制出了损耗约为 20dB/km 的石英系多模光纤,使光纤作为通信的传输介质成为现实。

至此,真正意义的光通信的两个最基本问题已完全解决。

1976 年,日本把光纤的损耗降低到 0.47dB/km,同年,美国首先成功地进行了系统容量为 44.736Mbit/s、传输距离为 10km 的光纤通信系统现场试验。

而我国也在 1979 年拉制出第一根损耗为 0.2dB/km 的光纤,1990 年光纤的损耗已经降低至 0.14dB/km,已接近于光纤损耗的理论极限值。

**3. 光传输网的发展**

1972 年,国际电信联盟电信标准分局(ITU-T)的前身国际电报电话咨询委员会(CCITT)提出了第一批准同步数字体系(Plesiochronous Digital Hierarchy,PDH)建议。

1988 年,国际电信组织通过了第一批同步数字体系(Synchronous Digital Hierarchy,SDH)建议。1990 年以后,SDH 成为光纤通信的基本传输方式。

21 世纪初期,短信、彩信、电子商务、实时视频等多种 IP 业务快速发展,促使基于 SDH

的多业务传送平台（Multi-Service Transport Platform，MSTP）在 2002 年诞生。

21 世纪，波分复用（Wavelength Division Multiplexing，WDM）被广泛建设和使用。WDM 解决了 PDH、SDH 和 MSTP 的资源浪费问题。数字电视、远程会议、网络直播等业务遍地开花，这些新兴业务对传输网络的带宽及可靠性都有了更高的要求。相对于 WDM 技术，光传送网络（OTN）能提供更大的带宽、更可靠的传输。

**小贴士**

目前，我国已经成为全球光纤通信领域综合实力最强、技术最先进的国家之一。我国已经建成了全球规模最大的光纤网络，固定宽带全面普及，网络速率已位居全球上等水平，百兆以上光纤成为用户普遍的选择，千兆宽带也逐渐深入人心。在 2020 年，"新基建"政策为信息通信网络的快速发展带来新的契机，光纤承载网是发展"新基建"的重要基础设施和必要前提，其发展水平更是成为衡量国家综合实力的一项重要指标。以 OTN 承载网为技术基础的千兆固网是我国新型基础设施的重要组成部分，也是支撑万物互联时代、实现网络强国建设的重要支撑。

## 1.1.2　光传输网在通信网中的位置与功能

传输网在通信网中的位置如图 1-4 所示。

从图 1-4 可以看出，传输网是由传输节点设备和传输介质共同构成的网络，位于交换节点之间，其作用是服务于各业务网和电信支持网，对业务进行安全、长距离、大容量传输。目前世界各地的传输网主要通过光纤通信来搭建。

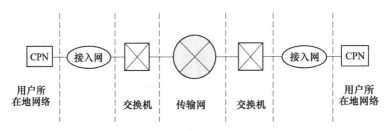

图 1-4　传输网在通信网中的位置

传输网是一个庞大而复杂的网络，为便于网络的管理与规划，必须将传输网划分成若干个相对分离的部分。通常传输网按其地域覆盖范围的不同，可以划分为国际传输网、国内省际长途传输网（一级干线）、省内长途传输网（二级干线）和城域网。城域网根据传输节点所在位置及业务传送能力，习惯上划分为核心层、汇聚层、接入层，如图 1-5 所示。

核心层主要连接移动业务网各交换局、网关局、数据业务核心节点，主要解决本地交换局的局间中继电路需求、干线网中继电路需求和城域汇聚层各种汇聚电路到交换局和次中心数据节点的接入电路需求。

汇聚层连接移动业务网内分散节点的基站控制中心（如 BSC、RNC）、县区基站传输中心节点、数据宽带业务汇聚节点，主要用于语音、数据宽带、多媒体等业务的汇聚。

接入层为各种业务提供接口，连接移动业务网的基站（如 BTS、Node B）、宽带多媒体用户、专线业务、语音或传真、综合大楼用户业务的接入和传输。

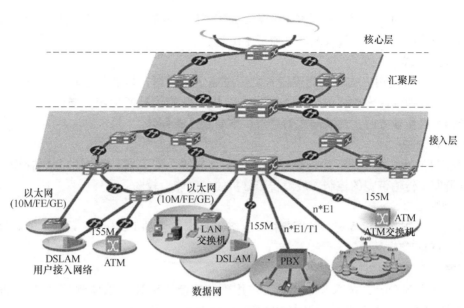

图 1-5　城域传输网的分层次模型

### 1.1.3　各种光传输网的概念、体制标准与传输性能

光传输网发展经历了准同步数字传输体制（PDH）、同步数字体系（SDH）、多业务传送平台（MSTP）、波分复用（WDM）、分组传送网（Packet Transport Network，PTN）、光传送网络（OTN）及第五代固定网络（The 5th Generation Fixed Networks，F5G）等技术的发展和革新。

1.1.3
各种光传输网的概念、体制标准与传输性能——PDH与SDH

**1. PDH 传输网**

ITU-T 推荐了国际上两大 PDH 标准，即 PCM 24 路系列和 PCM 30/32 路系列两种数字复接标准。美国和日本的一次群采用 1.544Mbit/s PCM24 路系列，且略有不同。欧洲和中国的一次群采用 2.048Mbit/s PCM 30/32 路系列，见表 1-1。

表 1-1　PDH 各种标准群次速率及话路

| | | 一次群 | 二次群 | 三次群 | 四次群 |
|---|---|---|---|---|---|
| 美国 | 速率 | 1.544Mbit/s | 6.312Mbit/s | 44.736Mbit/s | 274.176Mbit/s |
| | 话路 | 24 路 | 24×4=96 路 | 96×7=672 路 | 672×6=4032 路 |
| 日本 | 速率 | 1.544Mbit/s | 6.312Mbit/s | 32.064Mbit/s | 97.728Mbit/s |
| | 话路 | 24 路 | 24×4=96 路 | 96×5=480 路 | 480×3=1440 路 |
| 中国 | 速率 | 2.048Mbit/s | 8.448Mbit/s | 34.368Mbit/s | 139.264Mbit/s |
| | 话路 | 30 路 | 30×4=120 路 | 120×4=480 路 | 480×4=1920 路 |

PDH 传输网可以传输语音电话、可视电话、彩色电视、传真及电报等业务。但是它存在以下几个方面的缺陷。

（1）接口方面

PDH 没有统一的电接口标准，也没有统一的光接口标准。不同厂家同一速率等级的光接口码型和速率也不同，致使不同厂家的设备无法实现横向兼容，在同一传输线路上必须采用同一厂家的设备，给组网、管理及网络互通带来困难。

（2）复用方式

PDH 采用异步复用方式，当低速信号复用进高速信号时，低速信号在高速信号的帧结构中的位置没有规律和固定性，导致从高速信号分插出低速信号产生较大损伤，使传输性能劣化，在传输大容量业务时，此缺陷尤为严重，该缺点无法容忍。

（3）运行维护

PDH 信号的帧结构中用于运行维护的开销字节较少，对完成传输网的分层管理、性能监视、业务调度、传输带宽的控制、故障告警分析的定位能力较弱。

（4）网管接口

PDH 传输体制没有世界统一的网管接口，各个厂家开发的 PDH 网管系统只能够管理自家的 PDH 设备和网络。

### 2. SDH 传输网

SDH 从诞生到今天，技术非常成熟，应用十分广泛。SDH 传输体制是由 PDH 进化而来的，与 PDH 相比在技术上进行了根本性的变革，它具有 PDH 无法比拟的优势。

（1）SDH 的优势

1）接口方面。SDH 具有世界统一的电接口规范和光接口规范。SDH 传输体制具有世界统一的速率标准，即标准的速率等级。SDH 复接系列的常见速率等级如下：

- 同步传送模块 1(STM-1，基本模块)：1920 个中继话路，速率为 155.520Mbit/s。
- 同步传送模块 4(STM-4)：7680 个中继话路，速率为 622.080Mbit/s。
- 同步传送模块 16（STM-16）：30720 个中继话路，速率为 2488.320Mbit/s，约为 2.5Gbit/s。
- 同步传送模块 64（STM-64）：122880 个中继话路，速率为 9953.280Mbit/s，约为 10Gbit/s。

2）复用方式。SDH 传输体制采用同步复用方式，低速的信号向高一级信号复用的基数都是 4，即 4 路 STM-1 通过字节间插复用，复用进一路 STM-4。这样就使低速 SDH 信号在高速 SDH 信号帧中的位置是固定、有规律的，也就是说是可以预见的，从而使得大容量传输时更容易从高速的信号中复用和解复用出低速信号，所以 SDH 传输体制特别适合高速率、大容量业务的传输。

3）运行维护。SDH 信号的帧中定义了大量的用于运行维护的开销字节，大大增强了传输网络的运行维护能力，使网络具备自愈功能，从而节省了大量的网络运维成本。

4）兼容性。SDH 可兼容世界两大 PDH 传输体制，并且各个生产厂商的标准统一，各种 SDH 设备也可以兼容互联，这也就意味着当组建 SDH 传输网时，原有 PDH 传输网不会报废，各个厂家的设备及两种传输网可以共同组网。

（2）SDH 的缺点

SDH 传输体制存在以下几方面的缺点。

1）SDH 频带利用率较低。SDH 信号的帧中加入了大量的开销字节，虽然可靠性提高很大，但是相应的有效性就会降低。

2）指针调制机理复杂。SDH 传输体制可以从高速的 STM-N 信号中直接分出低速信号（如 2Mbit/s 信号），省去了多级复用和解复用过程，这种功能的实现是通过指针机理完成的，但是指针功能的实现增加了系统的复杂性。

3）软件的大量使用对系统的安全性影响较大。SDH 具有操作维护管理（Operation Administration and Maintenance，OAM）的智能性，这也就意味着软件在系统运行中占有相当大的比重，导致计算机病毒很容易侵害到传输系统。

---

### 小贴士

早在 1988 年我国已经开始建设 PDH 光传输网络，当时我国的通信技术完全依赖于欧洲，所以 PDH 和 SDH 这两大传输技术都是购买的欧洲技术标准。在那个年代，普通人能用上手机，那完全是天方夜谭。随着我国通信行业的发展，通过中国科学院、大唐电信科技股份有限公司及华为等科研机构的不断努力，如今手机已经成为人们生活的一部分，能够实现足不出户遨游世界的梦想。这些都依赖于我国通信领域的飞速发展，如今我国在 5G 技术中实现了引领世界，作为中国人应该感到骄傲、自豪。

#### 3. 多业务传送平台（MSTP）

随着 3G 移动多媒体业务（图像，视频）的需求不断增加，出现了 MSTP。MSTP 是指基于 SDH、同时实现时分复用（Time Division Multiplexing，TDM）、异步传输模式（Asynchronous Transfer Mode，ATM）、互联网协议（Internet Protocol，IP）等业务接入、处理和传送，提供统一网关的多业务传送平台。MSTP 具有接口种类多，支持多业务接入，承前启后，实现网络平滑过渡，业务保护能力强大，带宽利用率高，网络管理能力智能化等优势，在 2001—2006 年，得到了电信运营商大规模的应用。但由于 MSTP 基于 SDH 的刚性管道本质，使其对以太网业务的突发性和统计特性依然存在一定的缺陷，如带宽不能随着业务的需求灵活调整，服务质量（QoS）较弱等。

#### 4. WDM 传输网

光纤的传输带宽范围很大，其传输容量也极大，而以上讨论的这些光传输系统都是在一根光纤中传输一路光信号，实际上只是用了光纤传输带宽的极少一部分。为了充分利用光纤巨大的带宽资源，增加传输容量，新一代的光纤通信技术 WDM 应运而生。

WDM 是指把不同波长的光载波信号复用到同一根光纤中进行传送，它具有以下优点：

1）超大容量、超长距离传输。

2）对数据的"透明"传输。

3）系统升级时能最大限度地保护已有投资。

4）高度的组网灵活性、经济性和可靠性。

5）可兼容全光交换。

虽然 WDM 系统具有以上优点，但在实现过程中，由于光纤的物理性质，除了色散效应外，相邻信道之间信号相互影响，非线性效应对其影响严重，并且 WDM 系统的波长/子波长业务调度能力差、保护能力弱。

#### 5. 分组传送网（PTN）

PTN 是多协议标签交换（IP/MPLS）、以太网和传送网三种技术相结合的产物，它保留了这三种技术中的优势技术，PTN 向着网络的 IP 化、智能化、宽带化、扁平化的方向发展，并以分组业务为核心、增加独立的控制面，以提高传送效率的方式拓展有效带宽、支持统一的多业务提供。PTN 继承了 SDH 的传统优势，主要体现在以下几点。

1）多业务承载：无线回传的 TDM/ATM 及以太网业务、企事业单位和家庭用户的以太网业务。

2）业务模型：城域的业务流向大多是从业务接入节点到核心/汇聚层的业务控制和交换节点，为点到点（P2P）和点到多点（P2MP）汇聚模型，业务路由相对确定，因此中间节点不需要路由功能。

3）QoS 保障：能够保证 TDM/ATM 和高等级数据业务低时延、低抖动和高带宽需求，而宽带数据业务峰值流量大且突发性强，PTN 同时具备流分类、带宽管理、优先级调度和拥塞控制等 QoS 能力。

4）电信级可靠性：PTN 具有可靠、面向连接的电信级承载，提供端到端的运行、管理、维护能力和网络保护能力。

5）网络扩展性：在城域范围内业务分布密集且广泛，PTN 能够满足较强的网络扩展性。

6）总拥有成本（TCO）控制：也就是其相比 MSTP 最大的优势，降低单位字节的造价，即其业务带宽调整颗粒最小可达 bit 级，相对应 MSTP 的 VC12 降低了单位带宽的造价。

### 6. 光传送网络（OTN）

OTN 是由一组通过光纤链路连接在一起的光网元组成的网络，能够提供基于光通道客户信号的传送、复用、路由、管理、监控及保护等功能。OTN 是以波分复用技术为基础，在光层组织网络的传送网，主要应用在骨干传送网，约 2003 年开始正式商用。OTN 解决了传统 WDM 系统的波长/子波长业务调度能力差、组网能力弱、保护能力弱等问题。OTN 处理的基本对象是波长级业务，它将传送网推进到真正的多波长光网络阶段。

1）由于结合了光域和电域处理的优势，与传统的 SDH 和同步光网络（SONET）设备相比，OTN 具有以下优势：

- 满足数据带宽爆炸性的增长需求。
- 通过波分功能满足每光纤 Tbit/s 的传送带宽需求。
- 提供 2.7Gbit/s、10.7Gbit/s、43Gbit/s 甚至 111.8Gbit/s 的高速接口。
- 提供多达 6 级嵌套重叠的子层监控（TCM）连接监视。
- 支持灵活的网络调度能力和组网保护能力。
- 支持虚级联传送方式，以完善和优化网络结构。
- 提供强大的带外前向纠错（FEC）功能，有效地保证了线路传送性能。
- 异步映射消除了全网同步的限制，更强的 FEC 能力，简化系统设计。

2）相对于传统 WDM，OTN 具有以下优势：

- 有效的监视能力：运行、管理、维护和保障系统（OAM&P）和网络生存能力。
- 灵活的光/电层调度能力和电信级、可管理、可运营的组网能力。

### 7. 第五代固定网络（F5G）

1.1.3
各种光传输网的概念、体制标准与传输性能——F5G

F5G 也称为 F5G 全光网，是指以超高带宽、超低时延、高稳定全光纤连接为主要特点的第五代固定网络技术，即光纤宽带，包含千兆带宽接入网络和全光传送网络的新一代固定通信网络技术，以高品质专线助力家庭、企业、学校、医院等室内固网光纤宽带业务。F5G 凭借无源光网络（10G PON）、WiFi 6、200G/400G、光交叉连接（OXC）、下一代光传送网（NG OTN）技术使其具有 FFC（全光纤连接）、增强型固定宽带（eFBB）、可保障品质体验（GRE）三大关键功能特点。简而言之，F5G 具有确定性的大带宽、大量连接、低延迟和零丢包的特点，并且可以通过广泛的覆盖范围提供高质量的网络连接服务。F5G 在连接容量、带宽和用户体验三个方面均有飞跃式提升，凭借超高带宽、超低延迟、安全可靠等特性，推动了超高清高质量视频、云化虚拟现实（云 VR）、云游戏的快速发展。相对于当下 5G 技术被大众所熟知，F5G 却是一个新的名词。F5G 是继千兆 WiFi、云 VR 之后的新兴技术，与 5G 技术互为补充，搭建出覆盖固定和移动网络的更为全面的数字经济应用场景。在此基础上，5G/F5G 进一步释放信息技术算力，夯实 5G/F5G 新基建，带动数字经济新动能。因其部分技术和网络的相通性，使得 F5G 与 5G 能够有效协同，互为补充，提升用户网络体验。

### 1.1.4　习题

**一、填空题**

1. PDH 复接系列主要包括＿＿＿＿、＿＿＿＿、＿＿＿＿、＿＿＿＿速率等级。

2. SDH 复接系列的基本模块是＿＿＿＿，其速率大小为＿＿＿＿。

3. WDM 是指＿＿＿＿＿＿＿，主要应用在传输网络的＿＿＿＿层。

4. PTN 的中文名称是＿＿＿＿＿＿，它结合了＿＿＿＿、＿＿＿＿、＿＿＿＿三类产品中的优势技术，成为当前城域传输网的主要承载设备。

5. 移动回传网（backhaul）通常是指移动通信网络中＿＿＿＿到＿＿＿＿的传输链路。

6. OTN 是由一组通过光纤链路连接在一起的光网元组成的网络，能够提供基于＿＿＿＿客户信号的传送、＿＿＿＿、路由、管理、＿＿＿＿及保护等功能。

7. F5G 的中文全称是＿＿＿＿，也称为 F5G 全光网，F5G 凭借 10G PON、WiFi 6、200G/400G、OXC、NG OTN 技术使其具有＿＿＿＿＿＿、＿＿＿＿＿＿、＿＿＿＿＿＿三大关键功能特点。

**二、简答题**

1. 简述 SDH 和 MSTP 主要的传输性能优势及两者的差异。

2. 简述 OTN 和 WDM 主要的传输性能优势及两者的差异。

3. PTN 技术的特点有哪些？

## 任务1.2　SDH 系统原理解读

**任务描述**

当今社会是信息社会，高度发达的信息社会要求通信网能提供多种多样的电信业务，通过通信网传输、交换、处理的信息量将不断增大，这就要求现代化的通信网向数字化、综合化、智能化和个人化方向发展。

由 PDH 传输体制组建的传输网，由于其复用的方式不能满足信号大容量传输的要求，同时 PDH 体制的地区性规范也给网络互联增加了难度，因此在通信网向大容量、标准化发展的今天，PDH 的传输体制已经成为现代通信网的瓶颈，制约了传输网向更高的速率发展。PDH 传输体制越来越不适应传输网的发展，于是美国贝尔通信研究所首先提出了用一整套分等级的标准数字传递结构组成的 SONET 体制。CCITT 于 1988 年接受了 SONET 概念，并重命名为 SDH，使其成为不仅适用于光纤传输，也适用于微波和卫星传输的通用技术体制。本任务主要讲述 SDH 的系统原理。

任务目标

- 了解 SDH 的产生背景。
- 掌握 STM-N 的帧结构。
- 掌握 SDH 设备对信号的分层处理过程。
- 掌握复用和映射的概念。
- 熟悉 SDH 的各种开销的作用。
- 熟悉 SDH 常见拓扑结构的特点和适用范围。
- 熟悉网络自愈原理。
- 掌握不同类型自愈环的特点、容量和适用范围。
- 熟悉链形网的保护机制及二纤单/双向通道保护环的原理。

🎖 小贴士

光纤通信之父高锟在其论文《光频率介质纤维表面波导》中提出的观点并没有立即获得社会认同，但他没有放弃，而是坚持进行相关研究和改进，在争论中，高锟的设想逐步变成现实：利用石英玻璃制成的光纤应用越来越广泛，全世界掀起了一场光纤通信的革命。高锟因在"有关光在纤维中的传输以用于光学通信方面"做出的突破性成就，获得 2009 年诺贝尔物理学奖。SDH 技术正是随着智能网元、大容量高速光纤传输技术体制的出现发展而来的。

## 1.2.1　SDH 帧结构

PDH 信号的帧结构里用于 OAM 的开销字节不多，这就是在设备进行光路上的线路编码时，要通过增加冗余编码来完成线路性能监控功能的原因。由于 PDH 信号的帧结构开销字节少，因此对完成传输网的分层管理、性能监控、业务的实时调度、传输带宽的控制、告警的分析定位是很不利的。

1.2.1
SDH 帧的结构

**1. SDH 信号帧的行列结构及传输方式**

STM-N 信号帧结构的安排应尽可能使支路低速信号在一帧内均匀、有规律地排列，便于实现支路低速信号的分/插、复用和交换，实质是为了从高速 SDH 信号中直接上/下低速支路信号。鉴于此，ITU-T 规定了 STM-N 的帧是以字节（8bit）为单位的矩形块状帧结构，如图 1-6 所示。

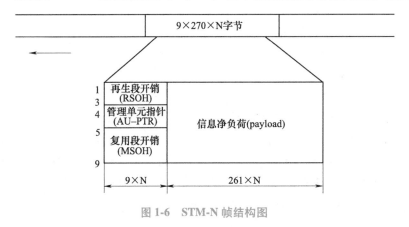

图 1-6　STM-N 帧结构图

📧 小知识

什么是块状帧？

为了便于对信号进行分析，通常将信号的帧结构等效为块状帧结构，这不是SDH信号所特有的，PDH信号、ATM信号、分组交换的数据包，它们的帧结构都算是块状帧。例如，E1信号的帧是32字节组成的1行×32列的块状帧，ATM信号是53字节构成的块状帧。将信号的帧结构等效为块状，仅仅是为了分析的方便。

从图1-6看出STM-N信号是9行×270×N列的帧结构。此处的N与STM-N的N一致，取值范围为1，4，16，64，…，表示此信号由N个STM-1信号通过字节间插复用而成。由此可知，STM-1信号的帧结构是9行×270列的块状帧。由图1-6看出，当N个STM-1信号通过字节间插复用成STM-N信号时，仅仅是将STM-1信号的列按字节间插复用，行数恒定为9行。

已知信号在线路上传输时是逐个位（bit）地进行传输的，那么这个块状帧是怎样在线路上进行传输的呢？STM-N信号的传输也遵循按位的传输方式。SDH信号帧传输的原则是：帧结构中的字节（8bit）从左到右、从上到下逐字节、逐个位（从高位到低位）地传输，传完一字节再传下一字节，传完一行再传下一行，传完一帧再传下一帧。

**2. SDH信号帧的传输速率**

STM-N信号的帧频（即每秒传送的帧数）是多少呢？ITU-T规定对于任何级别的STM-N帧，帧频是8000帧/s，即帧长或帧周期为恒定的$125\mu s$。这与PDH的E1信号的帧频相同。

由此不难推算出STM-1的位传输速率为：270（每帧270列）×9（共9行）×8bit（每字节为8bit）×8000（8000帧/s）= 155520kbit/s = 155.520Mbit/s。采用同样的计算方法可计算出STM-N的传输速率。

SDH信号速率等级见表1-2。

表1-2  SDH信号速率等级

| 速率等级 | STM-1 | STM-4 | STM-16 | STM-64 |
| --- | --- | --- | --- | --- |
| 位率/(Mbit/s) | 155.520 | 622.080 | 2488.320 | 9953.280 |

这里需要注意的是：帧周期的恒定是SDH信号的一大特点，任何级别的STM-N帧的帧频都是8000帧/s。想想看PDH不同等级信号的帧周期是否恒定？帧周期的恒定使STM-N信号的速率有其规律性。例如，STM-4的传输速率恒等于STM-1传输速率的4倍，STM-16恒等于STM-4的4倍，等于STM-1的16倍。而PDH中的E2信号速率≠E1信号速率的4倍。SDH信号的这种规律性使高速SDH信号直接分/插出低速SDH信号成为可能，特别适用于大容量的传输情况。

**3. SDH信号帧的各组成部分功能**

从图1-6可以看出，STM-N的帧结构由三部分组成：段开销[包括再生段开销（RSOH）和复用段开销（MSOH）]、管理单元指针（AU-PTR）和信息净负荷（payload）。下面介绍这三大部分的功能。

信息净负荷（payload）是在STM-N帧结构中存放由STM-N传送的各种信息码块的地方。信息净负荷区相当于STM-N这辆货车的车厢，车厢内装载的货物就是经过打包的低速信号——待运输的货物。为了实时监测货物（打包的低速信号）在传输过程中是否有损坏，在低速信号打包的过程中加入了监控开销字节——通道开销（POH）字节。POH 作为净负荷的一部分与信息码块一起装载在 STM-N 这辆货车上并在 SDH 网络中传送，它负责对打包的货物（低速信号）进行通道性能监视、管理和控制。

☀ 注意

　　信息净负荷并不等于有效负荷，因为信息净负荷中存放的是经过打包的低速信号，即将低速信号加上了相应的 POH。

　　段开销（SOH）是为了保证信息净负荷正常、灵活传送所必须附加的供网络运行、管理和维护（OAM）使用的字节。例如，SOH 可对 STM-N 这辆货车中的所有货物在运输中是否有损坏进行监控，而 POH 的作用是当车上有货物损坏时，通过它来判定具体是哪一件货物出现损坏。即 SOH 完成对货物整体的监控，POH 完成对某一件特定的货物进行监控。当然，SOH 和POH 还有一些管理功能。

　　SOH 又分为 RSOH 和 MSOH，分别对相应的段层进行监控。段相当于一条大的传输通道，RSOH 和 MSOH 的作用是对这条传输通道进行监控。

　　RSOH 和 MSOH 的区别在于监管的范围不同。举个简单的例子，若光纤上传输的是 2.5G信号，那么，RSOH 监控的是 STM-16 整体的传输性能，而 MSOH 是监控 STM-16 信号中每一个STM-1 的性能情况。

🔍 技术细节

　　RSOH、MSOH、POH 提供了对 SDH 信号的层层细化的监控功能。例如 2.5G 系统，RSOH监控的是整个 STM-16 的信号传输状态；MSOH 监控的是 STM-16 中每一个 STM-1 信号的传输状态；POH 则是监控每一个 STM-1 中每一个已打包的低速支路信号（如 2Mbit/s）的传输状态。因此通过开销的层层监管功能，可以方便地从宏观（整体）和微观（个体）的角度来监控信号的传输状态，便于分析、定位。

　　RSOH 在 STM-N 帧中的位置是第 1~3 行的第 1~9×N 列，共 3×9×N 字节；MSOH 在 STM-N帧中的位置是第 5~9 行的第 1~9×N 列，共 5×9×N 字节。与 PDH 信号的帧结构相比较，段开销丰富是 SDH 信号帧结构的一个重要的特点。

　　AU-PTR 位于 STM-N 帧中第 4 行的第 9×N 列，共 9×N 字节。AU-PTR 是用来指示信息净负荷第一字节在 STM-N 帧内的准确位置的指示符，以便接收端能根据这个位置指示符的值（指针值）正确分离信息净负荷。

## 1.2.2　SDH 开销字节及应用

　　开销的功能是完成对 SDH 信号提供层层细化的监控管理功能。监控可分为段层监控和通道层监控，段层监控又分为再生段层和复用段层的监控，通道层监控分为高阶通道层和低阶通道层的监控，由此实现了对 STM-N 层层细化的监控。例如对 2.5G 系统的监控，再生段开销对整个 STM-16 信号监控，复用段开销细化到对其中 16 个 STM-1 的任意一个进行监控，高阶通道开销再将其细化成对每个 STM-1 中 VC-4 的监控，低阶通道开销又将

1.2.2
SDH 开销字节及应用

对 VC-4 的监控细化为对其中 63 个 VC-12 的任意一个进行监控，由此实现了从对 2.5Gbit/s 级别到 2Mbit/s 级别的多级监控手段。

那么，这些监控功能是怎样实现的呢？它是由不同的开销字节来实现的。

### 1. 段开销字节

STM-N 帧的段开销位于帧结构的（1~9）行×(1~9N）列。其中，第 4 行除外，为 AU-PTR。下面以 STM-1 信号为例来讲述段开销各字节的用途。对于 STM-1 信号，段开销包括位于帧中的（1~3）行×(1~9）列的 RSOH 和位于（5~9）行×(1~9）列的 MSOH，如图 1-7 所示。

9字节；9行

| | | | | | | | | | |
|---|---|---|---|---|---|---|---|---|---|
| A1 | A1 | A1 | A2 | A2 | A2 | J0 | ×* | ×* | |
| B1 | △ | △ | E1 | △ | | F1 | × | × | RSOH |
| D1 | △ | △ | D2 | △ | | D3 | | | |
| 管理单元指针 | | | | | | | | | |
| B2 | B2 | B2 | K1 | | | K2 | | | |
| D4 | | | D5 | | | D6 | | | |
| D7 | | | D8 | | | D9 | | | MSOH |
| D10 | | | D11 | | | D12 | | | |
| S1 | | | | | M1 | E2 | × | × | |

图 1-7　STM-1 帧的段开销字节示意图

注：△—与传输介质有关的特征字节（暂用）；×—国内使用保留字节；＊—不扰码国内使用字节；所用未标记字节待将来国际标准确定（与介质有关的应用，附加国内使用和其他用途）。

图 1-7 中画出了再生段开销（RSOH）和复用段开销（MSOH）在 STM-1 帧中的位置，它们的区别在于监控的范围不同，RSOH 监控一个对应大的范围——STM-N，MSOH 监控对应这个大的范围中的一个小的范围——STM-1。

（1）A1、A2：定帧字节

定帧字节的作用类似于指针，起定位的作用。SDH 可从高速信号中直接分/插出低速支路信号，是因为接收端能通过指针 AU-PTR、TU-PTR 在高速信号中定位低速信号的位置。但这个过程的第一步是接收端必须在收到的信号流中正确地选择分离出各个 STM-N 帧，即先要定位每个 STM-N 帧的起始位置，然后在各帧中定位相应的低速信号的位置，正如在长长的队列中定位一个人时，要先定位到某一个方队，然后在此方队中通过这个人的所处行列数定位到他。A1、A2 字节就是起到定位一个方队的作用，通过它接收端可从信号流中定位、分离出 STM-N 帧，再通过指针定位到帧中的某一个低速信号。

接收端是怎样通过 A1、A2 字节定位帧的呢？A1、A2 有固定的值，即有固定的位图案，A1：11110110(f6H)，A2：00101000(28H)。接收端检测信号流中的各字节，当发现连续出现 3N 个 f6H，又紧跟着出现 3N 个 28H 字节时（在 STM-1 帧中 A1 和 A2 字节各有 3 个），就断定现在收到一个 STM-N 帧，接收端通过定位每个 STM-N 帧的起点，来区分不同的 STM-N 帧，以达到分离不同帧的目的，当 N=1 时，区分的是 STM-1 帧。

当连续 5 帧以上（625μs）收不到正确的 A1、A2 字节，即连续 5 帧以上无法判别帧头（区分出不同的帧）时，接收端进入帧失步状态，产生帧失步告警 OOF；若 OOF 持续了 3ms，则进入帧丢失状态——设备产生帧丢失告警 LOF，下插 AIS，整个业务中断。在 LOF 状态下，若接收端连续 1ms 以上又处于定帧状态，则设备回到正常状态。

🔍 **技术细节**

STM-N 信号在线路上传输要经过扰码处理，其主要目的是便于接收端能提取出线路定时信号，但是为了保证接收端能正确地提取出定位帧头 A1、A2，不能将 A1、A2 字节进行扰码处理。为此，规定对 STM-N 信号段开销的第一行所有字节即 1 行×9N 列（不只包括 A1、A2 字节）不做扰码处理，进行透明传输。对 STM-N 帧中的其余字节进行扰码处理后，再送线路传输。这样既保证了接收端对 STM-N 信号定时提取的方便，又保证了接收端对 STM-N 信号帧进行正确分离。

（2）J0：再生段踪迹字节

该字节被用来重复地发送段接入点标识符，以便使接收端能据此确认与指定的发送端处于持续连接状态。在同一个运营者的网络内该字节可为任意字符，而在不同两个运营者的网络边界处要使设备收、发两端的 J0 字节相同。通过 J0 字节可使运营者提前发现和解决故障，缩短网络恢复时间。

J0 字节还有一个用法，在 STM-N 帧中每一个 STM-1 帧的 J0 字节定义为 STM 的标识符 C1，用来指示每个 STM-1 在 STM-N 中的位置——指示该 STM-1 是 STM-N 中的第几个 STM-1（间插层数）和该 C1 在该 STM-1 帧中的第几列（复列数），可帮助 A1、A2 字节进行帧识别。

（3）D1~D12：数据通信通路（DCC）字节

SDH 的一大特点就是 OAM 功能的自动化程度很高，可通过网管终端对网元进行命令的下发、数据的查询，完成 PDH 系统所无法完成的业务实时调配、告警故障定位、性能在线测试等功能。那么这些用于 OAM 的数据是放在哪儿传输的呢？用于 OAM 功能的数据信息即下发的命令、查询上来的告警性能数据等，是通过 STM-N 帧中 D1~D12 字节传送的，即用于 OAM 功能的相关数据放在 STM-N 帧中的 D1~D12 字节处，由 STM-N 信号在 SDH 网络上传输。这样 D1~D12 字节提供了所有 SDH 网元都可接入的通用数据通信通路，作为嵌入式通信信道（ECC）的物理层，在网元之间传输 OAM 信息，构成 SDH 管理网（SMN）的传送通路。

其中，D1~D3 是再生段数据通路字节（DCCR），速率为 3×64kbit/s = 192kbit/s，用于再生段终端间传送 OAM 信息；D4~D12 是复用段数据通路字节（DCCM），共 9×64kbit/s = 576kbit/s，用于在复用段终端间传送 OAM 信息。

DCC 速率总共 768kbit/s，它为 SDH 网络管理提供了强大的通信基础。

（4）E1 和 E2：公务联络字节

E1 和 E2 分别提供一个 64kbit/s 的公务联络语音通道，语音信息在这两字节中传输。

E1 属于 RSOH，用于再生段的公务联络；E2 属于 MSOH，用于终端间直达公务联络。

例如在如图 1-8 所示网络中，若仅使用 E1 字节作为公务联络字节，A~D 四个网元均可互通公务。这是为什么呢？

因为终端复用器的作用是将低速支路信号分/插到 SDH 信号中，所以要处理 RSOH 和 MSOH，因此用 E1、E2 字节均可通公务。再生器的作用是信号的再生，只需处理 RSOH，所以用 E1 字节也可通公务。若仅使用 E2 字节作为公务联络字节，那么就仅有 A、D 间可以通公务电话，因为 B、C 网元不处理 MSOH，也就不会处理 E2 字节。

图 1-8  网络示意图

（5）F1：使用者通路字节

F1 提供速率为 64kbit/s 的数据/语音通路，保留给使用者（通常指网络提供者）用于特定维护目的的临时公务联络。

（6）B1：位间插奇偶校验 8 位码 BIP-8

B1 字节（位于再生段开销中第 2 行第 1 列）用于再生段层误码监测。其监测的机理是什么呢？首先介绍 BIP-8 奇偶校验机理。

假设某信号帧由 4 字节 A1＝00110011、A2＝11001100、A3＝10101010、A4＝00001111 组成，那么将这个帧进行 BIP-8 奇偶校验的方法是以 8bit（1 字节）为一个校验单位，将此帧分成 4 组（每字节为一组，因 1 字节为 8bit 正好是一个校验单元），按图 1-9 方式摆放整齐。

|  | |
|---|---|
| A1 | 00110011 |
| A2 | 11001100 |
| BIP-8  A3 | 10101010 |
| A4 | 00001111 |
| B | 01011010 |

图 1-9  BIP-8 奇偶校验示意图

依次计算 A1~A4 字节每一列中 "1" 的个数，若计数为奇（偶）数，则在得数（B 字节）的相应位填 1，否则填 0。即 B 字节相应位的值使 A1~A4 字节及 B 字节的相应列 1 的个数总计为偶（奇）数。这种校验方法就是 BIP-8 奇偶校验。这里采用的是偶校验，因为保证的是相应列的 1 的个数为偶数。B 字节的值就是对 A1~A4 字节进行 BIP-8 进行偶校验运算所得的结果。

BIP-8 在发送端就是按上述原理工作的，而 B1 字节存放的是 BIP-8 奇偶校验运算所得的结果。BIP-8 奇偶校验误码监测的整个工作过程简述如下：

发送端对本帧（第 N 帧）加扰后的所有字节进行 BIP-8 偶校验运算，将结果放在下一个待扰码帧（第 N+1 帧）中的 B1 字节；接收端将当前待解扰帧（第 N 帧）的所有位进行 BIP-8 校验，所得的结果与下一帧（第 N+1 帧）解扰后 B1 字节的值相异运算。若这两个值不一致，则异或运算有 1 出现，根据出现多少个 1，则可监测出第 N 帧在传输中出现了多少个误码块。若异或运算为 0，则表示该帧无误码。

### 🔍 技术细节

高速信号的误码性能是用误码块来反映的。因此，STM-N 信号的误码情况实际上是误码块的情况。从 BIP-8 校验方式可看出，校验结果的每一位都对应一个位块，如图 1-9 中的一列位，因此 B1 字节最多可从一个 STM-N 帧检测出传输中所发生的 8 个误码块（BIP-8 的结果共 8 位，每位对应一列位—— 一个块）。

（7）B2：位间插奇偶校验 N×24 位的（BIP-N×24）字节

B2 字节的工作机理与 B1 字节类似，只是它检测的是复用段层的误码情况。1 个 STM-N 帧中只有 1 个 B1 字节，但 B2 字节却有 N×3 个。因为 3 个 B2 字节监测一个 STM-1 帧，一个 STM-N 帧包含 N 个 STM-1 帧，所以 STM-N 帧中共有 N×3 个 B2 字节。

BIP-N×24 奇偶校验的工作过程可简述如下：

发送端对当前待扰码的 STM-1 帧中除了 RSOH（RSOH 包括在 B1 对整个 STM-N 帧的校验

中）的全部位进行 BIP-24 运算，将结果存放于下一帧待扰码的 STM-1 帧的 B2 字节位置。接收端对当前解扰后 STM-1 中除了 RSOH 的全部位进行 BIP-24 校验运算，将结果与下一个 STM-1 帧解扰后的 B2 字节进行异或运算，根据运算后出现 1 的个数来判断该 STM-1 帧在传输过程中出现了多少个误码块。发送端对每个 STM-1 帧完成 BIP-24 运算后，将相应的 N 个 STM-1 帧按字节间插复接成 STM-N 信号（共有 3×N 个 B2 字节），接收端先将 STM-N 信号分接成 N 个 STM-1 信号，然后分别对每个 STM-1 帧进行 BIP-24 的校验运算。

（8）K1、K2（b1~b5）：自动保护倒换（APS）通路字节

这两字节用作传送 APS 信令，用于保证设备能在故障时自动切换，使网络业务恢复——自愈，用于复用段保护倒换自愈情况。

K2（b6~b8）：复用段远端失效指示（MS-RDI）字节。

K2 字节的 b6~b8 位这 3 个位用于传输复用段远端告警的反馈信息，由接收端（信宿）回送给发送端（信源），表示接收端检测到接收方向故障或正收到复用段告警指示信号。即当接收端收信劣化时，由这 3 个位向发送端发送告警信号，以使发送端知道接收端的接收状况。接收机接收信号失效或接收到信号中的 K2 字节 b6~b8 位为"111"时，表示接收到 MS-AIS，接收机认为接收到无效净荷，并向终端发送全"1"信号。MS-RDI 用于向发送端回送一个指示，表示接收端已检测到上游段（如再生段）失效或收到 MS-AIS。MS-RDI 用 K2 字节在扰码前的 b6~b8 位插入"110"码来产生。

（9）S1（b5~b8）：同步状态字节

不同的位图案表示 ITU-T 的不同时钟质量级别，使设备能据此判定接收的时钟信号的质量，以此决定是否切换时钟源，即切换到较高质量的时钟源上。

S1（b5~b8）的值越小，表示相应的时钟质量级别越高。

（10）M1：复用段远端误块指示（MS-REI）字节

这是个对告信息，由接收端回发给发送端。M1 字节用来传送接收端由 BIP-N×24（B2）所检出的误块数，以便发送端据此了解接收端的收信误码情况。

（11）△：与传输介质有关的字节

△字节专用于具体传输介质的特殊功能，例如用单根光纤做双向传输时，可用此字节来实现辨明信号方向的功能。

---

**诀窍**

各 SDH 生产厂家，通常会利用 STM 帧中段开销的未使用字节来实现一些自己设备专用的功能。

---

以上是 STM-N 帧中段开销（RSOH、MSOH）各字节的使用方法，通过这些字节实现了 STM-N 信号段层的 OAM 功能。

**2. 通道开销字节**

段开销负责段层的 OAM 功能，而通道开销负责通道层的 OAM 功能，类似于货物装在集装箱内运输的过程中，不仅要监测集装箱内货物的整体损坏情况（SOH），还要知道集装箱内某一件货物的损坏情况（POH）。

根据监测通道的"宽窄"（货物的大小），通道开销又分为高阶通道开销（HPOH）和低阶通道开销（LPOH）。本书中高阶通道开销是对 VC-4 级别的通道进行监测，可对 140Mbit/s

在 STM-N 帧中的传输情况进行监测；低阶通道开销是完成 VC-12 通道级别的 OAM 功能，即监测 2Mbit/s 在 STM-N 帧中的传输性能。

（1）高阶通道开销

高阶通道开销的位置在 VC-4 帧中的第一列，共 9 字节，如图 1-10 所示。

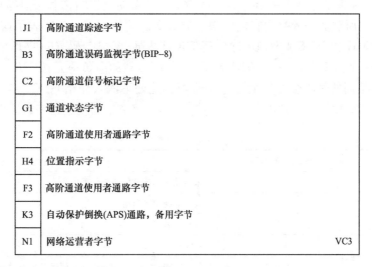

| J1 | 高阶通道踪迹字节 | |
|----|------------------|--|
| B3 | 高阶通道误码监视字节(BIP-8) | |
| C2 | 高阶通道信号标记字节 | |
| G1 | 通道状态字节 | |
| F2 | 高阶通道使用者通路字节 | |
| H4 | 位置指示字节 | |
| F3 | 高阶通道使用者通路字节 | |
| K3 | 自动保护倒换(APS)通路，备用字节 | |
| N1 | 网络运营者字节 | VC3 |

图 1-10　高阶通道开销的结构图

1）J1：高阶通道踪迹字节。AU-PTR 值表示 VC-4 的起点在 AU-4 中的具体位置，即 VC-4 首字节的位置，以使收信端能据此 AU-PTR 值，准确地在 AU-4 中分离出 VC-4。J1 正是 VC-4 的首字节，因此 AU-PTR 值表示的正是 J1 字节在 AU-4 中的具体位置。

J1 用来重复发送高阶通道接入点标识符，使该通道接收端能据此确认与指定的发送端处于持续连接状态，即该通道处于持续连接状态。其图案要求是使收发两端 J1 字节相匹配。J1 字节可按需进行重新设置与更改。

2）B3：高阶通道误码监视字节（BIP-8）。B3 字节负责监测 VC-4 在 STM-N 帧中传输的误码性能，即监测 140Mbit/s 的信号在 STM-N 帧中传输的误码性能。监测机理与 B1、B2 类似，只是 B3 是对 VC-4 帧进行 BIP-8 校验。

若在接收端监测出误码块，则设备本端的性能监测事件——HP-BBE（高阶通道背景误码块）显示相应的误块数，同时在发送端相应的 VC-4 通道的性能监测事件—HP-REI（高阶通道远端误码指示）显示出接收端收到的误块数。B1、B2 字节也与此类似，通过这种方式可实时监测 STM-N 信号传输的误码性能。

技术细节

接收端 B1 检测出误码块，在本端的性能事件再生段背景误码块（RS-BBE）显示 B1 检测出的误块数。

接收端 B2 检测出误码块，在本端的性能事件复用段背景误码块（MS-BBE）显示 B2 检测出的误块数，同时在发送端的性能事件复用段远端误块指示（MS-REI）显示相应的误块数（MS-REI 由 M1 字节传送）。

💡 **注意**

当接收端的误码超过一定的限度时，设备会上报一个误码越限的告警信号。

3）C2：高阶通道信号标记字节。C2 用来指示 VC 帧的复接结构和信息净负荷的性质，如通道是否已装载、所载业务种类和它们的映射方式等。例如，C2＝00H 表示这个 VC-4 通道未装载信号，这时要往这个 VC-4 通道的净负荷 TUG-3 中插全"1"码（TU-AIS），设备出现高阶通道未装载告警：VC4-UNEQ；C2＝02H 表示 VC-4 所装载的净负荷是按 TUG 结构的复用路线复用来的（关于复用的过程会在后面任务中学习，此处不深入介绍）；C2＝15H 表示 VC-4 的负荷是光纤分布式数据接口（FDDI）格式的信号。C2 字节编码规定列表，见表 1-3。

表 1-3　C2 字节编码规定列表

| C2 的 8 位编码 | 十六进制码字 | 含　　义 |
|---|---|---|
| 00000000 | 00 | 未装载信号或监控的未装载信号 |
| 00000001 | 01 | 装载非特定净负荷 |
| 00000010 | 02 | TUG 结构 |
| 00000011 | 03 | 锁定的 TU |
| 00000100 | 04 | 34.368Mbit/s 和 44.736Mbit/s 信号异步映射进 C3 |
| 00010010 | 12 | 139.264Mbit/s 信号异步映射进 C4 |
| 00010011 | 13 | ATM 映射 |
| 00010100 | 14 | MAN（DQDB）映射 |
| 00010101 | 15 | FDDI |
| 11111110 | FE | 0.181 测试信号映射 |
| 11111111 | FF | VC-AIS（仅用于串接） |

🔍 **技术细节**

J1 和 C2 字节的设置一定要使收/发两端相一致——收发匹配，否则接收端设备会出现 HP-TIM（高阶通道追踪字节失配）、HP-SLM（高阶通道信号标记字节失配）。此两种告警都会使设备向该 VC-4 的下级结构 TUG-3 插全"1"码——TU-AIS 告警指示信号。

4）G1：通道状态字节。G1 用来将通道终端状态和性能情况回送给 VC-4 通道源设备，从而允许在通道的任一端或通道中任一点对整个双向通道的状态和性能进行监视。简单来说，G1 字节实际上传送对告信息，即由接收端发往发送端的信息，使发送端能据此了解接收端接收相应 VC-4 通道信号的情况。

b1~b4 回传给发送端由 B3（BIP-8）检测出的 VC-4 通道的误块数，即 HP-REI。当接收端收到 AIS、误码超限、J1、C2 失配时，由 G1 字节的第 5 位回送发送端一个 HP-RDI（高阶通道远端劣化指示），使发端了解接收端接收相应 VC-4 的状态，以便及时发现、定位故障。G1 字节的 b6~b8 暂时未使用。

5）F2、F3：高阶通道使用者通路字节。这两字节提供通道单元间的公务通信（与净负荷有关）。

6）H4：位置指示字节。H4 指示有效负荷的复帧类别和净负荷的位置，例如作为 TU-12 复帧指示字节或 ATM 净负荷进入一个 VC-4 时的信元边界指示器。

只有当 PDH 2Mbit/s 信号，复用进 VC-4 时，H4 字节才有意义。2Mbit/s 的信号装进 C-12 时是以 4 个基帧组成一个复帧形式装入的，则在接收端为正确定位分离出 E1 信号就必须知道当前的基帧是复帧中的第几个基帧。H4 字节就是指示当前 TU-12(VC-12 或 C-12) 是当前复帧的第几个基帧，起着位置指示的作用。H4 字节的范围是 00H~03H，若在接收端收到的 H4 不在此范围内，则接收端会产生一个 TU-LOM（支路单元复帧丢失告警）。

7）K3：自动保护倒换（APS）通路，备用字节。该字节为空闲字节，留待将来应用，要求接收端忽略该字节的值。

8）N1：网络运营者字节。此字节用于特定的管理。

（2）低阶通道开销

低阶通道开销这里指 VC-12 中的通道开销，监控 VC-12 通道级别的传输性能，即监控 2Mbit/s 的 PDH 信号在 STM-N 帧中传输的情况。

低阶通道开销放在 VC-12 的什么位置上呢？图 1-11 显示了一个 VC-12 的复帧结构，由 4 个 VC-12 基帧组成，低阶通道开销位于每个 VC-12 基帧的第一字节，一组低阶通道开销共有 4 字节：V5、J2、N2、K4。

1）V5：通道状态和信号标记字节。V5 是复帧的第一字节，TU-PTR 指示 VC-12 复帧的起点在 TU-12 复帧中的具体位置，即指示 V5 字节在 TU-12 复帧中的具体位置。

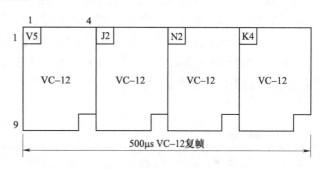

图 1-11  低阶通道开销结构图

V5 具有误码校测、信号标记和 VC-12 通道状态表示等功能，可看出 V5 字节具有高阶通道开销 G1 和 C2 两字节的功能。V5 字节的结构见表 1-4。

表 1-4  VC-12 中 V5 字节的结构

| 误码监测<br>（BIP-2） | | 低阶通道远端<br>误码块指示<br>（LP-REI） | 低阶通道<br>远端故障指示<br>（LP-RFI） | 信号标记<br>（Signal Lable） | | | 低阶通道<br>远端劣化指示<br>（LP-RDI） |
|---|---|---|---|---|---|---|---|
| 1 | 2 | 3 | 4 | 5 | 6 | 7 | 8 |
| 传送位间插奇偶校验码 BIP-2 第一个位的设置应使上一个 VC12 复帧内所有字节的全部奇数位的奇偶校验为偶数。第二位的设置应使全部偶数位的奇偶校验为偶数 | | BIP-2 检测到误码块就向 VC12 通道源发 1，无误码则发 0 | 有故障发 1<br>无故障发 0 | 表示净负荷装载情况和映射方式。3 位共 8 个二进制值<br><br>000：未装载 VC 通道<br>001：已装载 VC12 通道，但未规定有效负载<br>010：异步浮动映射<br>011：位同步浮动<br>100：字节同步浮动<br>101：预留<br>110：0.181 测试信号<br>111：VC-AIS | | | （相当于以前的 FERF）<br>接收失效则发 1<br>接收成功则发 0 |

若接收端通过 BIP-2 检测到误码块，在本端性能事件由 LP-BBE（低阶通道背景误码块）中显示由 BIP-2 检测出的误块数，同时由 V5 的 b3 回送给发送端 LP-REI（低阶通道远端误块指示），这时可在发送端的性能事件 LP-REI 中显示相应的误块数。V5 的 b8 是 VC-12 通道远端失效指示，当接收端收到 TU-12 的 AIS 或信号失效条件时，回送给发送端 个 LP-RDI（低阶通道远端劣化指示）。RDI 称为远端劣化指示或远端失效指示。

当劣化（失效）条件持续期超过传输系统保护机制设定的门限时，劣化转变为故障，这时发送端通过 V5 的 b4 回送给发送端 LP-RFI（低阶通道远端故障指示），来告诉发送端接收端相应 VC-12 通道的接收出现故障。

b5~b7 提供信号标记功能，只要收到的值不是 0 就表示 VC-12 通道已装载，即 VC-12 货包不是空包。若 b5~b7 为 000，表示 VC-12 为空包，这时接收端设备出现 LP-UNEQ（低阶通道未装款式）告警，注意此时下插全"0"码（不是全"1"码——AIS）。若收发两端 V5 的 b5~b7 不匹配，则接收端出现 LP-SLM（低阶通道信号标记失配）告警。

2）J2：VC-12 通道踪迹字节。J2 的作用类似于 J0、J1，它被用来重复发送由收发两端商定的低阶通道接入点标识符，使接收端能据此确认与发送端在此通道上处于持续连接状态。

3）N2：网络运营者字节。该字节用于特定的管理。

4）K4：自动保护倒换通道。b1~b4 位用于通道保护，b5~b7 位是增强型低阶通道远端缺陷指示，见表 1-5，而 b8 位为备用。

表 1-5　K4(b5~b7) 代码和解释

| b5　b6　b7 | 意　义 | 引发条件 |
| --- | --- | --- |
| 0　0　0 | 无远端缺陷 | 无缺陷 |
| 0　0　1 | 无远端缺陷 | 无缺陷 |
| 0　1　0 | 远端净荷缺陷 | LCP，PLM |
| 0　1　1 | 无远端缺陷 | 无缺陷 |
| 1　0　0 | 远端缺陷 | AIS，LOP，TIM，UNEQ(或 SLM) |
| 1　0　1 | 远端服务器缺陷 | AIS，LOP |
| 1　1　0 | 远端连接缺陷 | TIM，UNEQ |
| 1　1　1 | 远端缺陷 | AIS，LOP，TIM，UNEQ(或 SLM) |

### 1.2.3　SDH 复用映射结构

指针是同步数字复接设备的一种特有设置，它使设备具有更大的灵活性，方便实现上/下话路和系统同步等。

1.2.3
SDH 复用映射结构

1. 定位、复用和映射的概念

在将低速支路信号复用成 STM-N 信号时，要经过 3 个步骤：定位、复用、映射。

（1）定位

定位是指通过指针调整，使指针的值时刻指向低阶 VC 帧的起点在 TU 净负荷或高阶 VC 帧的起点在 AU 净负荷中的具体位置，使接收端能据此正确地分离相应的 VC。

（2）复用

复用的概念比较简单，它是一种使多个低阶通道层的信号适配进高阶通道层（例如 TU-12（×3）→TUG-2（×7）→TUG-3（×3）→VC-4）或把多个高阶通道层信号适配进复用层的过程（例如 AU-4（×1）→AUG（×N）→STM-N），即通过字节间插方式把 TU 组织进高阶 VC 或把 AU 组织进 STM-N 的过程。由于经过 TU 和 AU 指针处理后的各 VC 支路信号已相位同步，因此该复用过程是同步复用，复用原理与数据的串并变换相类似。

---

**想一想**

PDH 140Mbit/s、34Mbit/s、2Mbit/s 信号适配进标准容器的方式是什么装入方式？

一般属于异步装入方式，因为要经过相应的塞入位进行码速调整才能装入。例如，在将 2Mbit/s 的信号适配进 C-12 时，不能保证每个 C-12 正好装入的是一个 E1 帧。

---

（3）映射

映射是一种在 SDH 网络边界处（如 SDH/PDH 边界处），将支路信号适配进虚容器的过程，如将经常使用的各种速率（140Mbit/s、34Mbit/s、2Mbit/s）信号先经过码速调整，分别装入各自相应的标准容器中，再加上相应的低阶或高阶的通道开销，形成各自相对应的虚容器的过程。

为了适应不同的网络应用情况，有异步、位同步、字节同步三种映射方法与浮动 VC 和锁定 TU 两种模式。

1）异步映射。异步映射是对映射信号的结构无任何限制，信号有无帧结构均可，也无须与网络同步（例如 PDH 信号与 SDH 网不完全同步），利用码速调整将信号适配进 VC 的映射方法。在映射时通过位塞入将其打包成与 SDH 网络同步的 VC 信息包，在解映射时去除这些塞入位，恢复原信号的速率，即恢复原信号的定时。因此说低速信号在 SDH 网中传输有定时透明性，即在 SDH 网边界处收发两端的此信号速率相一致（定时信号相一致）。

此种映射方法可从高速信号中（STM-N）中直接分/插出一定速率级别的低速信号（如 2Mbit/s、34Mbit/s、140Mbit/s）。因为映射最基本的不可分割单位是这些低速信号，所以分/插出来的低速信号的最低级别是相应的这些速率级别的低速信号。

2）位同步映射。此种映射是对支路信号的结构无任何限制，但要求低速支路信号与网同步（例如 E1 信号保证 8000 帧/s），无须通过码速调整即可将低速支路信号打包成相应的 VC 的映射方法。注意：VC 时刻都是与网同步的。原则上讲，此种映射方法可从高速信号中直接分/插出任意速率的低速信号，因为在 STM-N 信号中可精确定位到 VC，由于此种映射是以位为单位的同步映射，那么在 VC 中可以精确地定位到想要分/插的低速信号具体的位的位置上，理论上就可以分/插出所需的那些位，由此根据所需分/插的位不同，可上/下不同速率的低速支路信号。异步映射将低速支路信号定位到 VC 一级后就不能再深入细化的定位了，所以拆包后只能分出 VC 相应速率级别的低速支路信号。位同步映射类似于将以位为单位的低速信号（与网同步）位间插复用进 VC 中，在 VC 中每个位的位置是可预见的。

3）字节同步映射。字节同步映射是一种要求映射信号具有字节为单位的块状帧结构，与网同步，无须任何速率调整即可将信息字节装入 VC 内规定位置的映射方式。在这种情况下，信号的每一字节在 VC 中的位置是可预见（有规律性）的，相当于将信号按字节间插方式复用进 VC 中，那么从 STM-N 中可直接下 VC，而在 VC 中由于各字节位置的可预见性，可直接提取指定的字节。所以，此种映射方式就可以直接从 STM-N 信号中上/下 64kbit/s 或 N×64kbit/s 的低速支路信号。因为 VC 的帧频是 8000 帧/s，而一字节为 8bit，若从每个 VC 中固定的提取 N 字节的低速支路信号，那么该信号速率就是 N×64kbit/s。

4）浮动 VC 模式。浮动 VC 模式指 VC 净负荷在 TU 内的位置不固定，由 TU-PTR 指示 VC 起点的一种工作方式。它采用了 TU-PTR 和 AU-PTR 两层指针来容纳 VC 净负荷与 STM-N 帧的频差和相差，引入的信号时延最小（约 10μs）。

采用浮动模式时，VC 帧内可安排 VC-POH，可进行通道级别的端对端性能监控。三种映射方法都能以浮动模式工作。

5）锁定 TU 模式。锁定 TU 模式是一种信息净负荷与网同步并处于 TU 帧内的固定位置，因而无须 TU-PTR 来定位的工作模式。PDH 基群只有位同步和字节同步两种映射方法才能采用锁定模式。

锁定模式省去了 TU-PTR，且在 TU 和 TUG 内无 VC-POH，采用 125μs 的滑动缓存器使 VC 净负荷与 STM-N 信号同步。这样引入信号时延长，且不能进行端对端的通道级别的性能监测。

综上所述，三种映射方法和两类工作模式共可组合成 5 种映射方式，这里着重介绍当前最通用的异步映射浮动模式的特点。

异步映射浮动模式最适用于异步/准同步信号映射，包括将 PDH 通道映射进 SDH 通道的应用，能直接上/下低速 PDH 信号，但是不能直接上/下 PDH 信号中的 64kbit/s 信号。异步映射接口简单，引入映射时延短，可适应各种结构和特性的数字信号，是一种最通用的映射方式，也是 PDH 向 SDH 过渡期内必不可少的一种映射方式。当前各厂家的设备绝大多数采用的是异步映射浮动模式。

浮动字节同步映射接口复杂，但能直接上/下 64kbit/s 和 N×64kbit/s 信号，主要用于不需要一次群接口的数字交换机互连和两个需直接处理 64kbit/s 和 N×64kbit/s 业务的节点间的 SDH 连接。

需要强调的是，PDH 各级别速率的信号和 SDH 复用中的信息结构的一一对应关系：2Mbit/s——C-12——VC-12——TU-12；34Mbit/s——C-3——VC-3——TU-3；140Mbit/s——C-4——VC-4——AU-4。通常在指 PDH 各级别速率的信号时，也可用相应的信息结构来表示，例如用 VC-12 表示 PDH 的 2Mbit/s 信号。

**2. SDH 指针**

指针的作用就是定位，通过定位使接收端能正确地从 STM-N 中拆离出相应的 VC，进而通过拆 VC、C 的包封分离出 PDH 低速信号，即实现从 STM-N 信号中直接下低速支路信号的功能。

定位是一种将帧偏移信息收进 TU 或 AU 的过程，即以附加于 VC 上的指针（或 AU-PTR）指示和确定低阶 VC 帧的起点在 TU 净负荷（或高阶 VC 帧的起点在 AU 净负荷）中的位置。在发生相对帧相位偏差使 VC 帧起点"浮动"时，指针值也随之调整，从而始终保证指针值准确指示 VC 帧起点位置的过程。对于 VC-4，AU-PTR 指 J1 字节的位置；对于 VC-12，TU-PTR 指 V5 字节的位置。

TU 或 AU 指针可以为 VC 在 TU 或 AU 帧内的定位提供了一种灵活、动态的方法。因为 TU 或 AU 指针不仅能够容纳 VC 和 SDH 在相位上的差别，而且能够容纳帧速率上的差别。

指针有两种，即 AU-PTR 和 TU-PTR，分别进行高阶 VC（这里指 VC-4）和低阶 VC（这里指 VC-12）在 AU-4 和 TU-12 中的定位。

（1）AU-PTR

AU-PTR 的位置在 STM-1 帧的第 4 行 1~9 列，共 9 字节，用以指示 VC-4 的首字节 J1 在 AU-4 净负荷区的具体位置，以便接收端能据此正确分离 VC-4，如图 1-12 所示。

从图 1-12 中可看到 AU-PTR 由 H1YYH2FF H3H3H3 共 9 字节组成，Y = 1001SS11，其中 S 位未规定具体的值，F = 11111111。指针的值放在 H1、H2 两字节的后 10 位中。AU-4 的指针调整，每调整 1 步为 3 字节，它表示每当指针值改变

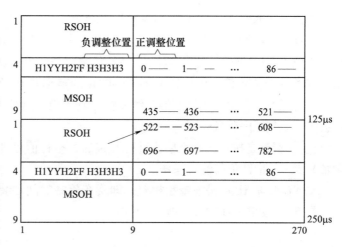

图 1-12　AU-PTR 在 STM-1 帧中的位置

1，VC-4 在净负荷区中的位置就向前或往后跃变了 3 字节。

1）VC-4 在 AU-4 的定位。为了便于定位 VC-4 在 AU-4 净负荷区中的位置，给每个调整单位（3 个字节）赋予一个位置值，如图 1-12 所示。规定将紧跟第 3 个 H3 字节的 3 字节（一个调整单位）的位置值设为 0，然后依次后推，则一个 AU-4 净负荷区就有 261×9/3 = 783 个位置值，而 AU-PTR 指的就是 J1 字节所在 AU-4 净负荷的某一个位置的值。显然，AU-PTR 的范围是 0~782。

① 当 VC-4 的速率（帧频）高于 AU-4 的速率（帧频），即 AU-4 的包封速率低于 VC-4 的装载速率时，相当于装载一个 VC-4 的货物所用的时间（货车停站时间）少于 125μs，由于货车还未开走，VC-4 的装载还要继续，这时 AU-4 这辆货车的车厢（信息净负荷区）已经装满，无法装下不断装入的货物，此时将 3 个 H3 字节（一个调整单位）的位置用来存放货物，这 3 个 H3 字节就像货车临时加挂的一个备份存放空间。这时货物以 3 字节为一个单位将位置都向前移一位，以便在 AU-4 中加入更多的货物（一个 VC-4+3 字节），这时每个货物单位（3 字节为一个单位）的位置都发生了变化。这种调整方式叫作负调整，紧跟着 FF 两字节的 3 个 H3 字节所占的位置叫作负调整位置。此时 3 个 H3 字节的位置上放的是 VC-4 的有效信息，这种调整方式即将应装于下一辆货车的 VC-4 的前 3 字节装于本货车。

② 当 VC-4 的速率低于 AU-4 速率时，相当于在 AU-4 货车停站时间内一个 VC-4 无法装完，这时要把这个 VC-4 中最后的 3 个字节（一个货物单位）留待下辆货车运输。由于 AU-4 未装满 VC-4(少一个 3 字节单位)，车厢中空出一个 3 字节单位。为防止由于车厢未塞满而在传输中引起货物散乱，要在 AU-PTR 3 个 H3 字节后面再插入 3 个 H3 字节，此时 H3 字节中填充伪随机信息（相当于在车厢空间塞入的填充物），这时 VC-4 中的 3 字节货物单位都要向后移动一个单位（3 字节），这些货物单位的位置也会发生相应的变化。这种调整方式叫作正调整，插入 3 个 H3 字节的位置叫作正调整位置。当 VC-4 的速率比 AU-4 慢很多时，要在 AU-4 净负荷区加入不止一个正调整单位（3 个 H3 字节）。

 注意

负调整位置只有一个（3 个 H3 字节），在 AU-PTR 上，正调整位置在 AU-4 净负荷区。

无论是正调整还是负调整，都会使 VC-4 在 AU-4 净负荷区中的位置发生改变，即 VC-4 第一字节在 AU-4 净负荷区中的位置发生改变，这时 AU-PTR 也会做出相应的正、负调整。为了便于定位 VC-4 中的各字节（实际上是各货物单位）在 AU-4 净负荷区中的位置，给每个货物单位赋予一个位置值，该位置值即 AU-PTR 的范围是 0~782，如果 AU-PTR 的值不在该范围内，则为无效指针值，当接收端连续 8 帧收到无效指针值时，设备产生 AU-LOP 告警（AU 指针丢失），并往下插 AIS。

正/负调整是按一次一个单位进行调整的，指针值也随着正调整或负调整进行+1（指针正调整）或-1（指针负调整）操作。

在 VC-4 与 AU-4 无频差和相差，即货车停站时间和装载 VC-4 的速度相匹配时，AU-PTR 的值是 522，如图 1-12 所示中箭头所指处。

---

💡 **注意**

AU-PTR 所指的是下一帧 VC-4 的 J1 字节的位置。在网同步情况下指针调整并不经常出现，因而 H3 字节大部分时间填充的是伪信息。

---

2）H1、H2 的指针调整控制。指针的值是放在 H1、H2 字节的后 10 位，那么 10bit 的取值范围是 0~1023（$2^{10}$），当 AU-PTR 的值不在 0~782 范围内时，为无效指针值。H1、H2 的 16 位是如何实现指针调整控制的呢？

表 1-6 中，指针值由 H1、H2 的第 7~16 位表示，这 10 位中奇数位记为 I 位，偶数位记为 D 位。以 5 个 I 位和 5 个 D 位中的全部或大多数发生反转来分别表示指针值将进行加 1 或减 1 操作，因此 I 位又叫作增加位，D 位叫作减少位。

表 1-6　AU-4 中 H1 和 H2 构成的 16 位指针码字

| N | N | N | N | S | S | I | D | I | D | I | D | I | D | I | D |
|---|---|---|---|---|---|---|---|---|---|---|---|---|---|---|---|
| 新数据标识（NDF） | | | | AU/TU 类别 | | 10 位指针值 | | | | | | | | | |

新数据标识（NDF）
表示所载净负荷容量有变化
净负荷无变化时，NNNN 为正常值"0110"

在净负荷有变化的那一帧，NNNN 反转为"1001"，此即 NDF。NDF 出现的那一帧指针值随之改变为指示 VC 新位置的新值称为新数据。若净负荷不再变化，下一帧 NDF 又返回到正常值"0110"并至少在 3 帧内不做指针值增减操作

AU/TU 类别
对于 AU-4 和 TU-3，SS=10

10 位指针值
AU-4 指针值为 0~782；3 字节为一偏移单位
指针值指示了 VC-4 帧的首字节 J1 与 AU-4 指针中最后一个 H3 字节间的偏移量。

指针调整规则
1）在正常工作时，指针值确定了 VC-4 在 AU-4 帧内的起始位置。NDF 设置为"0110"
2）若 VC-4 帧速率比 AU-4 帧速率低，5 个 I 位反转表示要做正调整，该 VC 帧的起始点后移一个单位，下帧中的指针值是先前指针值加 1
3）若 VC-4 帧速率比 AU-4 帧速率高，5 个 D 位反转表示要做负调整，负调整位置 H3 用 VC-4 的实际信息数据重写，该 VC 帧的起始点前移一个单位，下帧中的指针值是先前指针值减 1
4）当 NDF 出现更新值 1001 时，表示净负荷容量有变，指针值也要做相应地增减，然后 NDF 回归正常值 0110
5）指针值完成一次调整后，至少停 3 帧方可有新的调整
6）接收端对指针解码时，除仅对连续 3 次以上收到的前后一致的指针进行解读外，将忽略任何指针的变化

指针的调整是要停 3 帧才能再进行，即若从指针反转的那一帧算起（作为第一帧），至少

在第五帧才能进行指针反转（其下一帧的指针值将进行加 1 或减 1 操作）。

NDF 反转表示 AU-4 净负荷有变化，此时指针值会出现跃变，即指针增减的步长不为 1。若接收端连续 8 帧收到 NDF 反转，则此时设备出现 AU-LOP 告警。

接收端只对连续 3 个以上收到的前后一致的指针进行解读，即系统自认为指针调整后的 3 帧指针值一致，若此时指针值连续调整，在接收端将出现 VC-4 的定位错误，导致传输性能劣化。

概括地说发送端 5 个 I 或 5 个 D 位数反转，在下一帧 AU-PTR 的值+1 或−1；接收端根据所收帧的大多数 I 或 D 位的反转情况决定是否对下一帧调整，即定位 VC4 首字节并恢复信号指针适配前的定时。

（2）TU-PTR

TU 指针用以指示 VC-12 的首字节 V5 在 TU-12 净负荷区中的具体位置，以便接收端能正确分离出 VC-12。TU-12 指针为 VC-12 在 TU-12 复帧内的定位提供了灵活动态的方法。TU-PTR 的位置位于 TU-12 复帧的 V1～V4 处，如图 1-13 所示。

| 70 | 71 | 72 | 73 | 105 | 106 | 107 | 108 | 0 | 1 | 2 | 3 | 35 | 36 | 37 | 38 |
|---|---|---|---|---|---|---|---|---|---|---|---|---|---|---|---|
| 74 | 75 | 76 | 77 | 109 | 110 | 111 | 112 | 4 | 5 | 6 | 7 | 39 | 40 | 41 | 42 |
| 78 | 第一个 C-12 基帧结构 9×4−2 32W 2Y | | 81 | 113 | 第二个 C-12 基帧结构 9×4−2 32W 1Y 1G | | 116 | 8 | 第三个 C-12 基帧结构 9×4−2 32W 1Y 1G | | 11 | 43 | 第四个 C-12 基帧结构 9×4−1 31W 1Y 1M+1N | | 46 |
| 82 | | | 85 | 117 | | | 120 | 12 | | | 15 | 47 | | | 50 |
| 86 | | | 89 | 121 | | | 124 | 16 | | | 19 | 51 | | | 54 |
| 90 | | | 93 | 125 | | | 128 | 20 | | | 23 | 55 | | | 58 |
| 94 | | | 97 | 129 | | | 132 | 24 | | | 27 | 59 | | | 62 |
| 98 | | | 101 | 133 | | | 136 | 28 | | | 31 | 63 | | | 66 |
| 102 | 103 | 104 | V1 | 137 | 138 | 139 | V2 | 32 | 33 | 34 | V3 | 67 | 68 | 69 | V4 |

图 1-13　TU-12 指针位置和偏移编号

TU-12 PTR 由 V1～V4 共 4 字节组成。

在 TU-12 净负荷中，从紧邻 V2 的字节起，以 1 字节为一个正调整单位，依次按其相对于最后一个 V2 的偏移量给予偏移编号，如"0""1"等，共有 0～139 个偏移编号。VC-12 帧的首字节（V5 字节）位于某一偏移编号位置，该编号对应的二进制值即为 TU-12 指针值。

TU-12 PTR 中的 V3 字节为负调整单位位置，其后的字节为正调整字节，V4 为保留字节。指针值在 V1、V2 字节的后 10 个位，V1、V2 字节的 16 个位功能与 AU-PTR 的 H1、H2 字节的 16 个位功能相同。

---

 **注意**

位置的正/负调整由 V3 来进行。

---

TU-PTR 的调整单位为 1，可知指针值的范围为 0～139，若连续 8 帧收到无效指针或 NDF，则接收端出现 TU-LOP（支路单元指针丢失）告警，并下插 AIS。

在 VC-12 和 TU-12 无频差、相差时，V5 字节的位置值是 70，即此时的 TU-PTR 的值为 70。

TU-PTR 的指针调整和指针解读方式类似于 AU-PTR。

**3. SDH 的复用映射过程**

SDH 的复用包括两种方法：一种是由 STM-1 信号复用成 STM-N 信号，另一种是由 PDH 支路信号（如 2Mbit/s、34Mbit/s、140Mbit/s）复用成 SDH 信号 STM-N。

第一种方法主要通过字节间插的同步复用方式来完成。复用的基数是 4，即 4×STM-1→STM-4，4×STM-4→STM-16。在复用过程中保持帧频不变（8000 帧/s），这就意味着高一级的 STM-N 信号是低一级的 STM-N 信号速率的 4 倍。在进行字节间插复用过程中，各帧的信息净负荷和指针字节按原值进行字节间插复用，而段开销 ITU-T 另有规范。在同步复用形成的 STM-N 帧中，STM-N 的段开销并不是所有低阶 STM-N 帧中的段开销间插复用而成，而是舍弃了某些低阶帧中的段开销。

第二种方法就是将各级 PDH 支路信号复用进 STM-N 信号中。SDH 网的兼容性要求 SDH 的复用方式既能满足异步复用（如将 PDH 支路信号复用进 STM-N），又能满足同步复用（如 STM-1→STM-4），而且能方便地由高速 STM-N 信号分/插出低速信号，同时不造成较大的信号时延和滑动损伤，这就要求 SDH 需采用自己独特的一套复用步骤和复用结构。在这种复用结构中，通过指针调整定位技术来取代 125μs 缓存器用以校正支路信号频差和实现相位对准，各种业务信号复用进 STM-N 帧的过程都要经历映射（相当于信号打包）、定位（伴随与指针调整）、复用（相当于字节间插复用）三个步骤。

ITU-T 规定了一整套完整的映射复用结构（也就是映射复用路线），通过这些路线可将 PDH 的 3 个系列的数字信号以多种方法复用成 STM-N 信号。ITU-T 规定的复用路线如图 1-14 所示。

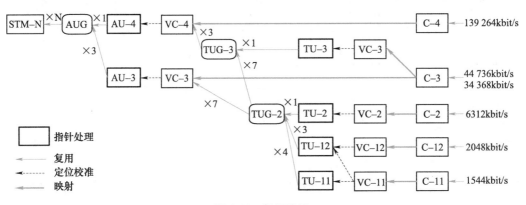

图 1-14　复用路线

从图 1-14 中可以看到此复用结构包括基本的复用单元：C（容器）、VC（虚容器）、TU（支路单元）、TUG（支路单元组）、AU（管理单元）、AUG（管理单元组），这些复用单元的后缀数字表示与此复用单元相应的信号级别。在图中从一个有效负荷到 STM-N 的复用路线不是唯一的，有多条路线（即有多种复用方法）。例如：2Mbit/s 的信号有两条复用路线，即可用两种方法复用成 STM-N 信号。注意，8Mbit/s 的 PDH 信号是无法复用成 STM-N 信号的。

尽管一种信号复用成 SDH 的 STM-N 信号的路线有多种，但是对于一个国家或地区复用路线必须唯一化。我国的光同步传输网技术体制规定以 2Mbit/s 信号为基础的 PDH 系列作为 SDH 的有效负荷，并选用 AU-4 的复用路线，其结构如图 1-15 所示。

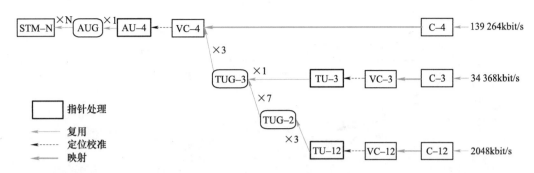

图 1-15　我国的 SDH 基本复用映射结构

下面分别讲述 2Mbit/s、34Mbit/s、140Mbit/s 的 PDH 信号如何复用进 STM-N 信号中。

（1）140Mbit/s 信号复用进 STM-N 信号

参与 SDH 复用的各种速率的业务信号都应首先通过码速调整适配技术装进一个与信号速率级别相对应的标准容器：2Mbit/s—C-12、34Mbit/s—C-3、140Mbit/s—C-4。容器的主要作用是进行速率调整。

首先将 140Mbit/s 的 PDH 信号经过码速调整（位塞入法）适配进 C-4，C-4 是用来装载 140Mbit/s 的 PDH 信号的标准信息结构。140Mbit/s 的信号装入 C-4 相当于将其打了包封，使 140Mbit/s 信号的速率调整为标准的 C-4 速率。C-4 的帧结构是以字节为单位的块状帧，帧频是 8000 帧/s，即经过速率适配，140Mbit/s 的信号在适配成 C-4 信号时已经与 SDH 传输网同步。这个过程相当于 C-4 装入异步 140Mbit/s 的信号。C-4 的帧结构如图 1-16 所示。

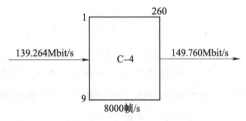

图 1-16　C-4 的帧结构图

C-4 信号的帧有 9 行×260 列（PDH 信号在复用进 STM-N 中时，其块状帧一直保持是 9 行），那么 E4 信号适配速率后的信号速率（C-4 信号的速率）为：8000 帧/s×9×260×8bit=149.760Mbit/s。对异步信号进行速率适配的实际含义指当异步信号的速率在一定范围内变动时，通过码速调整可将其速率转换为标准速率。在这里，E4 信号的速率范围是 139.264Mbit/s±15ppm（G.703 规范标准）=（139.261～139.266）Mbit/s，那么通过速率适配可将这个速率范围的 E4 信号，调整成标准的 C-4 速率 149.760Mbit/s，即能够装入 C-4 容器。

怎样进行 E4 信号的速率调整呢?

可将 C-4 的基帧（9 行×260 列）划分为 9 个子帧，每个子帧占一行。每个子帧又可以 13 字节为一个单位，分成 20 个单位（20 个 13 字节块）。每个子帧的 20 个 13 字节块的第 1 个字节依次为 W、X、Y、Y、Y、X、Y、Y、Y、X、Y、Y、Y、X、Y、Y、Y、X、Y、Z，共 20 字节，每个 13 字节块的第 2~13 字节放的是 140Mbit/s 的信息位，如图 1-17 所示。

E4 信号的速率适配是通过 9 个子帧共 180 个 13 字节块的首字节来实现的。一个子帧中每个 13 字节块的后 12 字节均为 W 字节，再加上第一个 13 字节的第一字节也是 W 字节，共 241 个 W 字节、5 个 X 字节、13 个 Y 字节、1 个 Z 字节。各字节的位内容如图 1-17 所示。因此，一个子帧的组成是：

C-4 子帧 = 241W + 5X + 13Y + 1Z = 260 字节 = (1934I + S) + 5C + 130R + 10O = 2080bit

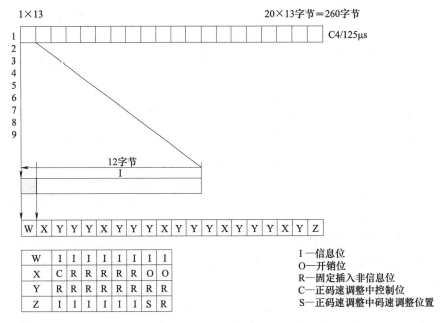

图 1-17 C-4 的子帧结构

一个 C-4 子帧总计有 $8×260 = 2080$（bit），其分配是：信息位 I—1934；固定塞入位 R—130；开销位 O—10；调整控制位 C—5；调整机会位 S—1。

C 位主要用来控制相应的 S，当 CCCCC = 00000 时，S = I；当 CCCCC = 11111 时，S = R。分别令 S 为 I 或 S 为 R，可算出 C-4 容器能容纳的信息速率的上限和下限。

当 S = I 时，C-4 能容纳的信息速率最大，$C\text{-}4_{max} = (1934+1)×9×8000 = 139.320$（Mbit/s）；当 S = R 时，C-4 能容纳的信息速率最小，$C\text{-}4_{min} = (1934+0)×9×8000 = 139.248$（Mbit/s）。因此，C-4 容器能容纳的 E4 信号的速率范围是 139.248～139.32Mbit/s。而符合 G.703 规范的 E4 信号速率范围是 139.261～139.266Mbit/s，这样，C-4 容器就可以装载速率在一定范围内的 E4 信号，可以对符合 G.703 规范的 E4 信号进行速率适配，适配后为标准 C-4 速率——149.760Mbit/s。

为了能够对 140Mbit/s 的通道信号进行监控，在复用过程中要在 C-4 的块状帧前加上一列通道开销字节（高阶通道开销 VC4-POH），此时信号成为 VC-4 信息结构，如图 1-18 所示。

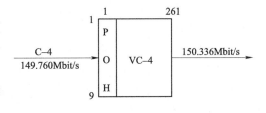

图 1-18 VC-4 结构图

VC-4 是与 140Mbit/s 的 PDH 信号相对应的标准虚容器，此过程相当于对 C-4 信号再打一个包封，将对通道进行监控管理的开销（POH）打入包封中，以实现对通道信号的实时监控。

虚容器（VC）的包封速率也是与 SDH 网络同步的，不同的 VC（例如与 2Mbit/s 相对应的 VC-12、与 34Mbit/s 相对应的 VC-3）是相互同步的，而虚容器内部允许装载来自不同容器的异步净负荷。虚容器这种信息结构在 SDH 网络传输中保持其完整性不变，即可将其看成独立的单位（货包），十分灵活和方便地在通道中任一点插入或取出，进行同步复用和交叉连接处理。

其实，从高速信号中直接定位上/下的是相应信号的 VC 信号包，然后通过打包/拆包来上/下低速支路信号。

在将 C-4 打包成 VC-4 时，要加入 9 个开销字节，位于 VC-4 帧的第一列，这时 VC-4 的帧结构就成了 9 行×261 列。STM-N 的帧结构中，信息净负荷为 9 行×261×N 列，当为 STM-1 时，即为 9 行×261 列，所以 VC-4 其实就是 STM-1 帧的信息净负荷。将 PDH 信号经打包成 C，再加上相应的通道开销而成 VC 这种信息结构，这个过程就叫映射。

货物都打成标准的包封后，就可以向 STM-N 这辆车上装载。装载的位置是其信息净负荷区。在装载货物（VC）时会出现一个问题：当货物装载的速度和货车等待装载的时间（STM-N 的帧周期 125μs）不一致时，会使货物在车厢内的位置"浮动"。那么在接收端怎样才能正确分离货物包呢？SDH 采用在 VC-4 前附加一个管理单元指针（AU-PTR）来解决这个问题。此时信号由 VC-4 变成了管理单元 AU-4 这种信息结构，如图 1-19 所示。

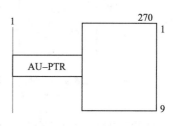

图 1-19　AU-4 结构图

AU-4 这种信息结构已初具 STM-1 信号的雏形——9 行×270 列，只是缺少 SOH 部分而已，这种信息结构其实也算是将 VC-4 信息包再加了一个包封 AU-4。

AU 为高阶通道层和复用段层提供适配功能，由高阶 VC 和 AU 指针组成。AU 指针的作用是指明高阶 VC 在 STM 帧中的位置。通过指针的作用，允许高阶 VC 在 STM 帧内浮动，即允许 VC-4 和 AU-4 有一定的频偏和相差，简单来说是容忍 VC-4 的速率和 AU-4 包封速率（装载速率）有一定的差异。这个过程形象地看，就是允许货物的装载速度与车辆的等待时间有一定的时间差异。这种差异性不会影响接收端正确的定位、分离 VC-4。尽管货物包可能在车厢内（信息净负荷区）"浮动"，但是 AU-PTR 本身在 STM 帧内的位置是固定的。AU-PTR 不在净负荷区，而是和段开销在一起，这就保证了接收端能准确地在相应位置找到 AU-PTR，通过 AU 指针定位 VC-4 的位置，进而从 STM-N 信号中分离出 VC-4。

一个或多个在 STM 帧中占用固定位置的 AU 组成 AUG。

最后将 AUG 加上相应的 SOH 合成 STM-1 信号，N 个 STM-1 信号通过字节间插复用成 STM-N 信号。

（2）34Mbit/s 复用进 STM-N 信号

与前述复用过程类似，34Mbit/s 的信号先经过码速调整将其适配到相应的标准容器 C-3 中，然后加上相应的通道开销打包成 VC-3，此时的帧结构是 9 行×85 列。为了便于接收端定位 VC-3，以便能将它从高速信号中直接拆离出来，在 VC-3 的帧上加 3 字节的指针——TU-PTR（支路单元指针），注意 AU-PTR 是 9 字节。此时的信息结构是支路单元 TU-3(与 34Mbit/s 的信号相应的信息结构)，TU 提供低阶通道层（低阶 VC，如 VC-3）和高阶通道层之间的桥梁，即高阶通道（高阶 VC）拆分成低阶通道（低阶 VC），或低阶通道复用成高阶通道的中间过渡信息结构。

那么支路单元指针起什么作用呢？TU-PTR 用以指示低阶 VC 的起点在 TU 中的具体位置。与 AU-PTR 很类似，AU-PTR 是指示 VC-4 起点在 STM 帧中的具体位置，实际上二者的工作机理也很类似。可以将 TU 类比成一个小的 AU-4，那么在装载低阶 VC 到 TU 中时也要有一个定位的过程——加入 TU-PTR 的过程。

此时的帧结构 TU-3 如图 1-20 所示。

图 1-20 中 TU-3 的帧结构有点缺口，应将其补上。将第 1 列中 H1～H3 余下的 6 字节都填充信息（R），即形成如图 1-21 所示的帧结构，它就是 TUG-3——支路单元组。

3 个 TUG-3 通过字节间插复用方式，复合成 C-4 信号结构，复合后帧结构如图 1-22 所示。

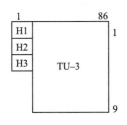

图 1-20　装入 TU-PTR 后的
TU-3 结构图

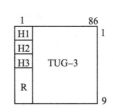

图 1-21　补缺口后的
TUG-3 帧结构图

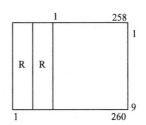

图 1-22　C-4 帧结构图

因为 TUG-3 是 9 行×86 列的信息结构，所以 3 个 TUG-3 通过字节间插复用方式复合后的信息结构是 9 行×258 列的块状帧结构，而 C-4 是 9 行×260 列的块状帧结构。于是在 3×TUG-3 的合成结构前面加两列塞入位，使其成为 C-4 的信息结构。

这时剩下的工作就是将 C-4→STM-N 中去了，过程同前面所讲的将 140Mbit/s 信号复用进 STM-N 信号的过程（C-4→VC-4→AU-4→AUG→STM-N）类似。

👤 想一想

此处有两个指针 AU-PTR 和 TU-PTR，为什么要用两个？两个指针提供了两级定位功能，AU-PTR 使接收端正确定位、分离 VC-4；而 VC-4 可装载 3 个 VC-3，TU-PTR 则相应地定位每个 VC-3 起点的具体位置。从而，在接收端通过 AU-PTR 定位到相应的 VC-4，又通过 TU-PTR 定位到相应的 VC-3。

（3）2Mbit/s 复用进 STM-N 信号

当前运用得最多的复用方式是将 2Mbit/s 信号复用进 STM-N 信号中，它也是 PDH 信号复用进 SDH 信号最复杂的一种复用方式。

首先，将 2Mbit/s 的 PDH 信号经过速率适配装载到对应的标准容器 C-12 中，为了便于速率的适配采用复帧的概念，即将 4 个 C-12 基帧组成一个复帧。C-12 的基帧帧频也是 8000 帧/s，那么 C-12 复帧的帧频就成了 2000 帧/s。

采用复帧是为了码速适配的方便。例如，若 E1 信号的速率是标准的 2.048Mbit/s，那么装入 C-12 时正好是每个基帧装入 32 个字节（256 位）有效信息。这是因为 C-12 帧频 8000 帧/s，PCM30/32［E1］信号也是 8000 帧/s，但当 E1 信号的速率不是标准速率 2.048Mbit/s 时，装入每个 C-12 的平均位数就不是整数。若 E1 速率是 2.046Mbit/s 时，那么将此信号装入 C-12 基帧时平均每帧装入的位数是（2.046×106bit/s）/（8000 帧/s）= 255.75bit，有效信息位数不是整数，因此无法进行装入。若此时取 4 个基帧为一个复帧，那么正好一个复帧装入的位数为（2.046×106bit/s）/（2000 帧/s）= 1023bit，可在前三个基帧每帧装入 256bit（32 字节）有效信息，在第四帧装入 255bit 的有效信息，这样就可将此速率的 E1 信号完整的适配进 C-12 中。那么，怎样对 E1 信号进行速率适配（将其装入 C-12）呢？C-12 基帧结构是 9×4-2 字节的带缺口的块状帧，4 个基帧组成一个复帧，C-12 复帧结构和字节安排如图 1-23 所示。

| Y | W | W |  | G | W | W |  | G | W | W |  | M | N | W |
|---|---|---|---|---|---|---|---|---|---|---|---|---|---|---|
| W | W | W | W | W | W | W | W | W | W | W | W | W | W | W |
| W | 第一个 C-12 基帧结构 9×4-2＝32W+2Y |  | W | W | 第二个 C-12 基帧结构 9×4-2＝32W+1Y+1G |  | W | W | 第三个 C-12 基帧结构 9×4-2＝32W+1Y+1G |  | W | W | 第四个 C-12 基帧结构 9×4-2＝31W+1Y+1M+1N | W |
| W |  |  | W | W |  |  | W | W |  |  | W | W |  | W |
| W |  |  | W | W |  |  | W | W |  |  | W | W |  | W |
| W |  |  | W | W |  |  | W | W |  |  | W | W |  | W |
| W |  |  | W | W |  |  | W | W |  |  | W | W |  | W |
| W |  |  | W | W |  |  | W | W |  |  | W | W |  | W |
| W | W | Y |  | W | W | Y |  | W | W | Y |  | W | W | Y |

每格为 1 字节（8bit），各字节的位类别：

$W＝IIIIIIII$　　　　　　$Y＝RRRRRRRR$　　　　　　$G＝C_1C_2OOOORR$

$M＝C_1C_2RRRRRS_1$　　　　$N＝S_2IIIIIII$

I：信息位　　　　R：塞入位　　　　O：开销位

C1：负调整控制位　　S1：负调整位置　　$C_1＝0\ \ S_1＝I$；$C_1＝1\ \ S_1＝R^*$

C2：正调整控制位　　S2：正调整位置　　$C_2＝0\ \ S_2＝I$；$C_2＝1\ \ S_2＝R^*$

$R^*$ 表示调整位，在接收端调整时，应忽略调整位的值，复帧周期为 $125×4\mu s＝500\mu s$

图 1-23　C-12 复帧结构和字节安排

一个 C-12 复帧共有 $4×(9×4-2)=136$（字节）$=127W+5Y+2G+1M+1N=(1023I+S_1+S_2)+3C_1+49R+8O=1088$（位），其中 C1、C2 分别为负、正调整控制位，而 S1、S2 分别为负、正调整机位。当 $C_1C_1C_1=000$ 时，S1 为信息位 I；而 $C_1C_1C_1=111$ 时，S1 为填充塞入位 R。同样，当 $C_2C_2C_2=000$ 时，$S_2=I$；而 $C_2C_2C_2=111$ 时，$S_2=R$，由此实现了速率的正/零/负调整。

复帧可容纳有效信息负荷的允许速率范围是

$$C\text{-}12\ 复帧_{max}=(1023+1+1)×2000=2.050（Mbit/s）$$
$$C\text{-}12\ 复帧_{min}=(1023+0+0)×2000=2.046（Mbit/s）$$

因此当 E1 信号适配进 C-12 时，只要 E1 信号的速率在 2.046～2.050Mbit/s 范围内，就可以将其装载进标准的 C-12 容器中，实质上就是经过码速调整将其速率调整成标准的 C-12 速率 2.176Mbit/s。

为了在 SDH 网的传输中实时监测任一个 2Mbit/s 通道信号的性能，需将 C-12 再打包，加入相应的通道开销（LPOH），使其成为 VC-12 的信息结构。LPOH 加在每个基帧左上角的缺口上，一个复帧有一组低阶通道开销，共 4 字节：V5、J2、N2、K-4。因为 VC 可看成一个独立的实体，因此以后对 2Mbit/s 业务的调配以 VC-12 为单位。

一组通道开销监测的是整个复帧在网络上传输的状态。一个 C-12 复帧装载的是 4 帧 PCM 30/32 的信号，因此一组 LPOH 监测的是 4 帧 PCM 30/32 信号的传输状态。

为了使接收端能正确定位 VC-12 的帧，在 VC-12 复帧的 4 个缺口上再加上 4 字节的 TU-PTR，这时信号的信息结构变成 TU-12，9 行×4 列。TU-PTR 指示复帧中第一个 VC-12 的起点在 TU-12 复帧中的具体位置。

3 个 TU-12 经过字节间插复用合成 TUG-2，此时的帧结构是 9 行×12 列。

7 个 TUG-2 经过字节间插复用合成 TUG-3 的信息结构。请注意 7 个 TUG-2 合成的信息结构是 9 行×84 列，为满足 TUG-3 的信息结构 9 行×86 列，需在 7 个 TUG-2 合成的信息结构前加入两列固定塞入位，如图 1-24 所示。

TUG-3 信息结构再复用进 STM-N 中的步骤与前面所讲相同，此处不再复述。

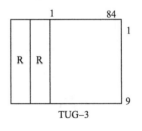

图 1-24　TUG-3 的信息结构

---

🔍 技术细节

从 140Mbit/s 的信号复用进 STM-N 信号的过程可以看出，一个 STM-N 最多可承载 N 个 140Mbit/s 的信号，一个 STM-1 信号只可以复用进 1 个 140Mbit/s 的信号，此时 STM-1 信号的容量为 64 个 2Mbit/s 的信号。

同样，从 34Mbit/s 的信号复用进 STM-1 信号，STM-1 可容纳 3 个 34Mbit/s 的信号，此时 STM-1 信号的容量为 48×2Mbit/s。

从 2Mbit/s 信号复用进 STM-1 信号，STM-1 可容纳 3×7×3＝63 个 2Mbit/s 的信号。

由此可看出，从 140Mbit/s 和 2Mbit/s 复用进 SDH 的 STM-N 中，信号利用率较高。而从 34Mbit/s 复用进 STM-N，一个 STM-1 只能容纳 48 个 2Mbit/s 的信号，利用率较低。

---

从 2Mbit/s 复用进 STM-N 信号的复用步骤可以看出 3 个 TU-12 复用成一个 TUG-2，7 个 TUG-2 复用成一个 TUG-3，3 个 TUG-3 复用进一个 VC-4，一个 VC-4 复用进 1 个 STM-1，也就是说 2Mbit/s 的复用结构是 3-7-3 结构。由于复用的方式是字节间插方式，所在在一个 VC-4 中的 63 个 VC-12 的排列方式不是顺序来排列的。头一个 TU-12 的序号和紧跟其后的 TU-12 的序号相差 21，如图 1-25 所示。

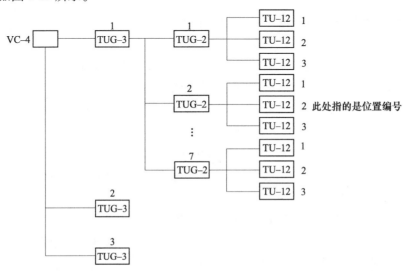

图 1-25　VC-4 中 TUG-3、TUG-2、TU-12 的排列结构

### 1.2.4 SDH 保护原理

**1. SDH 网络的拓扑结构**

SDH 网络是由 SDH 网元设备通过光缆互连而成的,网络节点(网元)和传输线路的几何排列构成了网络的拓扑结构。网络的有效性(信道的利用率)、可靠性和经济性在很大程度上与其拓扑结构有关。

网络拓扑的基本结构有链形、星形、树形、环形和网孔形,如图 1-26 所示。图中 TM 指终端复用站,ADM 指分插复用站,DXC 指数字交换连接站。

(1)链形网

此种网络拓扑是将网中的所有节点一一串联,而首尾两端开放。它的特点是较经济,在 SDH 网的早期用得较多,主要用于专网(如铁路网)中。

(2)星形网

此种网络拓扑是将网中一网元作为特殊节点与其他各网元节点相连,其他各网元节点互不相连,网元节点的业务都要经过这个特殊节点转接。它的特点是可通过特殊节点来统一管理其他网络节点,利于分配带宽、节约成本,但存在特殊节点的安全保障和处理能力的潜在瓶颈问题。特殊节点的作用类似交换网的汇接局,此种拓扑多用于本地网(接入网和用户网)。

(3)树形网

此种网络拓扑可看成是链形拓扑和星形拓扑的结合,也存在特殊节点的安全保障和处理能力的潜在瓶颈问题。

(4)环形网

环形拓扑实际上是指将链形拓扑首尾相连,从而使网上任何一个网元节点都不对外开放的网络拓扑形式。这是当前使用最多的网络拓扑形式,主要是因为它具有很强的生存性,即自愈功能较强。环形网常用于本地网(接入网和用户网)、局间中继网。

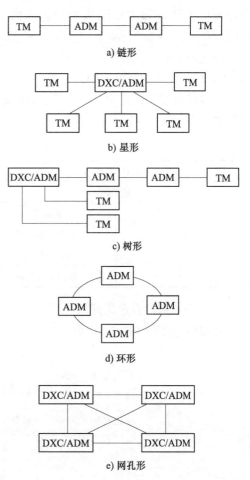

图 1-26　网络拓扑的基本结构图

(5)网孔形网

将所有网元节点两两相连,就形成了网孔形网络拓扑。这种网络拓扑为两网元节点间提供多个传输路由,使网络的可靠性更强,不存在瓶颈问题和失效问题。但是由于系统的冗余度高,必然会使系统有效性降低,成本高且结构复杂。网孔形网主要用于长途网中,以提高网络的可靠性。

目前常用的网络拓扑是链形网和环形网,通过它们的灵活组合可构成更加复杂的网络。下面主要讲述链形网的组成和特点,环形网的几种主要自愈形式(自愈环)及自愈环工作机理及特点。

**2. 链形网和环形网的自愈原理**

传输网上的业务按流向可分为单向业务和双向业务。下面以环形网为例说明单向业务和双向业务的区别，如图 1-27 所示。

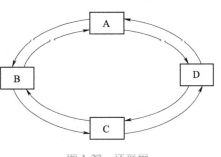

图 1-27　环形网

若 A 和 C 之间互通业务，A 到 C 的业务路由假定是 A→B→C，若此时 C 到 A 的业务路由是 C→B→A，则业务从 A 到 C 和从 C 到 A 的路由相同，称为一致路由。

若此时 C 到 A 的路由是 C→D→A，那么业务从 A 到 C 和从 C 到 A 的路由不同，称为分离路由。

一致路由的业务称为双向业务，分离路由的业务称为单向业务。常见组网的业务方向和路由见表 1-7。

表 1-7　常见组网的业务方向和路由

| 组网类型 | | 业务方向 | 路由 |
| --- | --- | --- | --- |
| 链形网 | | 双向 | 一致路由 |
| 环形网 | 双向通道环 | 双向 | 一致路由 |
| | 双向复用段环 | 双向 | 一致路由 |
| | 单向通道环 | 单向 | 分离路由 |
| | 单向复用段环 | 单向 | 分离路由 |

（1）链形网的自愈原理

典型的链形网如图 1-28 所示。

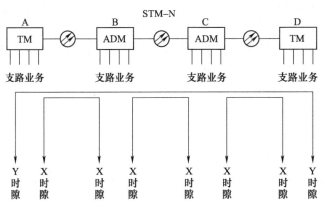

图 1-28　链形网

链形网的特点是具有时隙复用功能，即线路 STM-N 信号中某一序号的 VC 可在不同的传输光缆段上重复利用。如图 1-28 中，A—B、B—C、C—D 及 A—D 之间通有业务，这时可将 A—B 之间的业务占用 A—B 光缆段 X 时隙（序号为 X 的 VC，如第 3 个 VC-4 的第 48 个 VC-12），将 B—C 的业务占用 B—C 光缆段的 X 时隙（第 3 个 VC-4 的第 48 个 VC-12），将 C—D 的业务占用 C—D 光缆段的 X 时隙（第 3 个 VC-4 的第 48 个 VC-12），这种情况就是时隙重复利用。

这时 A—D 的业务因为光缆的 X 时隙已被占用，所以只能占用光路上的其他时隙（Y 时隙），如第 3 个 VC-4 的第 49 个 VC-12 或第 7 个 VC-4 的第 48 个 VC-12。

链形网的这种时隙重复利用功能，使网络的业务容量较大。网络的业务容量指能在网上传输的业务总量。网络的业务容量和网络拓扑、网络的自愈方式和网元节点间业务分布有关。

链形网的最小业务量发生在链形网的端站为业务主站的情况下。业务主站是指各网元都与主站互通业务，其余网元间无业务互通。以图 1-28 为例，若 A 为业务主站，那么 B、C、D 之间无业务互通。此时 B、C、D 分别与网元 A 通信。这时由于 A—B 光缆段上的最大容量为 STM-N（因系统的速率级别为 STM-N），则网络的业务容量为 STM-N。

链形网达到业务容量最大的条件是链形网中只存在相邻网元间的业务。在图 1-28 中，此时网络中只有 A—B、B—C、C—D 的业务，不存在 A—D 的业务。因为时隙可重复利用，那么在每个光缆段上的业务都可占用整个 STM-N 的所有时隙。若链形网有 M 个网元，此时网络上的业务最大容量为（M-1）×STM-N，M-1 为光缆段数。

常见的链形网有二纤链，不提供业务的保护功能（自愈功能）；四纤链，一般提供业务的 1+1 或 1：1 保护。四纤链中两根光纤收/发作主用信道，另外两根收/发作备用信道。链形网的自愈功能有 1+1、1：1、1：n，其中 1：n 保护方式中 n 最大只能到 14。这是由 K1 字节的 b5~b8 限定的，K1 的 b5~b8 的 0001~1110［1~14］指示要求倒换的主用信道编号。

（2）环形网的自愈环

当今社会各行各业对信息的依赖越来越大，要求通信网络能及时准确地传递信息。随着网上传输的信息越来越多，传输信号的速率越来越快，一旦网络出现故障，将对整个社会造成极大的损坏。因此，网络的生存能力即网络的安全性是首先要考虑的问题。

自愈是指在网络发生故障（如光纤断开）时，无须人为干预，网络自动地在极短的时间内（ITU-T 规定为 50ms 以内）使业务自动从故障中恢复传输，使用户几乎感觉不到网络出了故障。其基本原理是网络要具备发现替代传输路由并重新建立通信的能力。替代路由可采用备用设备或利用现有设备中的冗余能力，以满足全部或指定优先级业务的恢复。由此可知，网络具有自愈能力的先决条件是有冗余的路由、网元强大的交叉能力及网元的智能。

自愈仅是通过备用信道将失效的业务恢复，而不涉及具体故障的部件和线路的修复或更换，所以故障点的修复仍需人工干预才能完成。

---

🔍 **技术细节**

当网络发生故障时，利用自愈能力，业务可切换到备用信道传输，切换的方式有恢复方式和不恢复方式两种。

恢复方式指在主用信道发生故障时，业务切换到备用信道，当主用信道修复后，再将业务切回主用信道。一般在主要信道修复后还要再等一段时间，以使主用信道传输性能稳定，然后再将业务从备用信道切换过来。

不恢复方式指在主用信道发生故障时，业务切换到备用信道，主用信道恢复后业务不切回主用信道，此时将原主用信道变成备用信道，原备用信道当变成主用信道，在原备用信道发故障时，业务才会切回原主用信道。

---

目前环形网络的拓扑结构用得最多，因为环形网具有较强的自愈功能。自愈环的分类可按环上业务的方向、网元节点间的光纤数、保护的业务级别来划分。

按环上业务的方向可将自愈环分为单向环和双向环两大类；按网元节点间的光纤数可将自愈环划分为双纤环（一对收/发光纤）和四纤环（两对收/发光纤）；按保护的业务级别可将自愈环划分为通道保护环和复用段保护环两大类。

下面介绍通道保护环和复用段保护环的区别。对于通道保护环，业务的保护是以通道为基础的，即保护的是 STM-N 信号中某个 VC（某一路 PDH 信号），倒换与否由环上的某一个别通道信号的传输质量来决定，通常利用接收端是否收到简单的 TU-AIS 来决定该通道是否应进行倒换。例如在 STM-16 环上，若接收端收到第 4 个 VC4 的第 48 个 TU-12 有 TU-AIS，则仅将该通道切换到备用信道。

复用段保护环以复用段为基础，倒换与否根据环上传输的复用段信号的质量决定。倒换由 K1、K2（b1～b5）字节所携带的 APS 协议来启动，当复用段出现问题时，环上整个 STM-N 或 1/2 STM-N 的业务信号都切换到备用信道。复用段保护倒换的条件是 LOF、LOS、MS-AIS、MS-EXC 告警信号。

---

### 🔍 技术细节

由于 STM-N 帧中只有 1 个 K1 和 1 个 K2，所以复用段保护倒换是将环上的所有主用业务 STM-N（四纤环）或 1/2 STM-N（二纤环）都倒换到备用信道，而不是仅仅倒换其中的某一个通道。

通道保护环通常是专用保护，在正常情况下保护信道也传主用业务（业务的 1+1 保护），信道利用率不高。复用段保护环使用公用保护，正常时主用信道传主用业务，备用信道传额外业务（业务的 1∶1 保护），信道利用率高。

---

1）二纤单向通道保护环。二纤单向通道保护环由两根光纤组成两个环，其中一个为主环——S1，一个为备环——P1。两环的业务流向一定要相反，通道保护环的保护功能是通过网元支路板的"并发选收"功能来实现的，即支路板将支路上环业务"并发"到主环 S1、备环 P1 上，两环上业务完全相同且流向相反，平时网元支路板"选收"主环下支路的业务，如图 1-29 所示。

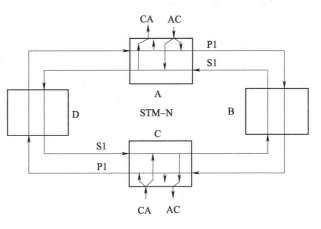

图 1-29 二纤单向通道保护环（正常）

若环形网中网元 A 与网元 C 互通业务，网元 A 和网元 C 都将上环的支路业务"并发"到 S1 和 P1 上，S1 和 P1 上所传业务相同但流向相反，S1 为逆时针，P1 为顺时针。在网络正常时，网元 A 和网元 C 都选收 S1 上的业务。因此，网元 A 与网元 C 业务互通的方式是网元 A 到网元 C 的业务经过网元 D 穿通，由 S1 光纤传到网元 C（主环业务），由 P1 光纤经过网元 B 穿通传到网元 C（备环业务）。在网元 C 支路板"选收"S1 上的 A→C 业务，完成网元 A 到网元 C 的业务传输。网元 C 到网元 A 的业务传输与此类似。

当 B—C 光缆段的光纤同时被切断时，注意此时网元支路板的并发功能没有改变，即此时

S1 和 P1 上的业务仍是相同的，如图 1-30 所示。

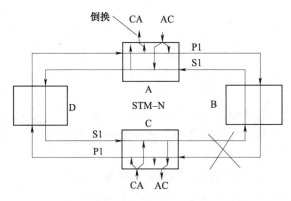

图 1-30　二纤单向通道保护环（故障）

此时，网元 A 与网元 C 之间的业务由网元 A 的支路板并发到 S1 和 P1 光纤上，其中 S1 业务经光纤由网元 D 穿通传至网元 C，P1 光纤的业务经网元 B 穿通，由于 B—C 间光纤切断，所以 P1 上的业务无法传到网元 C，但由于网元 C 默认选收 S1 上的业务，这时网元 A 到网元 C 的业务并未中断，网元 C 的支路板不进行保护倒换。

网元 C 的支路板将到网元 A 的业务并发到 S1 和 P1 上，其中 P1 上的 C→A 业务经网元 D 穿通传到网元 A，S1 上的 C→A 业务，由于 B—C 间光纤断所以无法传到网元 A，网元 A 默认选收 S1 上的业务，此时由于 S1 上的 C→A 业务传不过来，网元 A 的支路板会收到 S1 上 TU-AIS 告警。网元 A 的支路板收到 S1 上的 TU-AIS 告警后，立即切换到选收 P1 上的 C→A 业务，于是 C→A 的业务得以恢复，完成环上业务的通道保护，此时网元 A 的支路板处于通道保护倒换状态，切换到选收备环方式。

网元发生了通道保护倒换后，支路板同时监测 S1 上业务的状态，当连续一段时间未发现 TU-AIS 时，发生切换网元的支路板将选收切回到收主环业务，恢复成正常时的默认状态。

二纤单向通道保护环由于上环业务是并发选收，所以通道业务的保护实际上是 1+1 保护。其倒换速度快，业务流向简洁明了，便于配置维护，缺点是网络的业务容量不大。

二纤单向通道保护环的业务容量恒定是 STM-N，与环上的节点数和网元间业务分布无关。为什么？举个例子，当网元 A 和网元 D 之间有一业务占用 X 时隙时，由于业务是单向业务，则 A→D 的业务占用主环 A—D 光缆段的 X 时隙（占用备环的 A—B、B—C、C—D 光缆段的 X 时隙）；D—A 的业务占用主环的 D—C、C—B、B—A 的 X 时隙（备环的 D—A 光缆段的 X 时隙）。也就是说 A—D 间占 X 时隙的业务会将环上全部光缆（主环、备环）的 X 时隙占用，其他业务将不能再使用该时隙（没有时隙重复利用功能）。因此，当 A—D 之间的业务为 STM-N 时，其他网元将不能再互通业务，即环上无法再增加业务，因为环上整个 STM-N 的时隙资源都已被占用，所以单向通道保护环的最大业务容量是 STM-N。

二纤单向通道保护环多用于环上有一站点是业务主站（业务集中站）的情况。

🔍 技术细节

在组成通道环时要特别注意的是，主环 S1 和备环 P1 光纤上业务的流向必须相反，否则该环形网无保护功能。

👤 想一想

实际上，在光纤未断时，有一根光纤组成单向 S1 环即可完成通信，为什么还要一根光纤组成 P1 环呢？因为自愈要有冗余的信道，而 P1 环就是对主用信道的备份。

若图 1-29 中 B—C 光缆段仅 P1 光纤断，情况会怎样？环形网上的 A 与 C 之间的业务均不进行保护倒换。想一想，为什么？

2）二纤双向通道保护环。二纤双向通道保护环网上业务为双向（一致路由），如图 1-31 所示。保护机理也是支路的"并发选收"，业务保护是 1+1，网上业务容量与二纤单向通道保护环相同，但结构更复杂，与二纤单向通道保护环相比无明显优势，故一般不用这种自愈方式。

3）二纤单向复用段保护环。前面已经介绍过复用段环保护的业务单位是复用段级别的业务，需通过 STM-N 信号中 K1、K2 字节承载的 APS 协议来控制倒换的完成，由于倒换要通过运行 APS 协议，所以倒换速度不如通道保护环快。

下面介绍单向复用段保护环的自愈原理。

图 1-31　SBS2500 系统二纤双向通道保护环

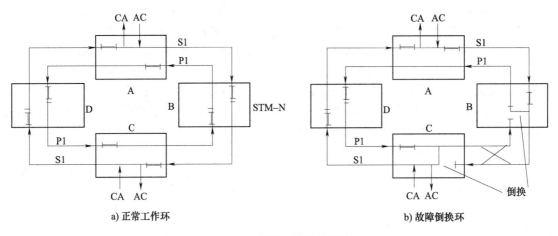

a) 正常工作环　　　　　　　b) 故障倒换环

图 1-32　二纤单向复用段保护环

如图 1-32a 所示，若环上网元 A 与网元 C 互通业务，构成环的两根光纤 S1、P1 分别称之为主环和备环，上面传送的业务不是 1+1 的业务，而是 1∶1 的业务——主环 S1 上传主用业务，备环 P1 上传备用业务。因此，复用段保护环上业务的保护方式为 1∶1 保护，有别于通道保护环。

在环路正常时，网元 A 往主环 S1 上发送到网元 C 的主用业务，往备环 P1 上发送到网元 C 的备用业务，网元 C 从 S1 上选收网元 A 发来的主用业务，从 P1 上选收网元 A 发来的备用业务（额外业务），图 1-32a 中只画出了收主用业务的情况。网元 C 到网元 A 业务的互通与此类似。

当 C—B 光缆段间的光纤都被切断时，在故障端点的两网元 C、B 产生一个环回功能。网元 A 到网元 C 的主用业务先由网元 A 发到 S1 上，到故障端点站 B 处环回到 P1 上，这时 P1 上的额外业务被清理，改传网元 A 到网元 C 的主用业务，经网元 A、D 穿通，由 P1 传到网元 C，由于网元 C 只从 S1 上提取主用业务，所以这时 P1 上的网元 A 到网元 C 的主用业务在 C 点处（故障端点站）环回到 S1 上，网元 C 从 S1 光纤上下载网元 A 到网元 C 的主用业务。网元 C 到网元 A 的主用业务因为 C→D→A 的主用业务路由未中断，所以网元 C 到网元 A 的主用业务的传输与正常时无异，但备用业务此时被清除。通过这种方式，故障段的业务被恢复，完成业务自愈功能。

二纤单向复用段保护环的最大业务容量的推算方法与二纤单向通道保护环类似，只是环上的业务是 1∶1 保护，在正常时备环 P1 上可传额外业务，因此二纤单向复用段保护环的最大业务容量在正常时为 2×(STM-N)（包括额外业务），发生保护倒换时为 1×(STM-N)。

二纤单向复用段保护环由于业务容量与二纤单向通道保护环相差不大，倒换速率比二纤单向通道环慢，所以优势不明显，在组网时应用不多。

🔍 技术细节

组网时要注意 S1 和 P1 业务流向相反，否则此环无自愈功能。

复用段保护时网元的支路板恒定为从 S1 上收主用业务，不会切换到从 P1 上收主用业务。复用段倒换时不是仅倒换某一个通道，而是将环上整个 STM-N 业务都切换到备用信道。

环的复用段倒换时是故障端点处的网元完成环回功能，环上其他网元完成穿通功能，通过复用段倒换的这个性质可方便地定位故障区段。

4）四纤双向复用段保护环。前面讲的三种自愈方式，网上业务的容量与网元节点数无关，随着环上网元的增多，平均每个网元可上/下的最大业务随之减少，网络信道利用率不高。例如二纤单向通道保护环为 STM-16 系统时，若环上有 16 个网元节点，平均每 2500 节点最大上/下业务只有一个 STM-1，这对资源是很大的浪费。为克服这种情况，出现了四纤双向复用段保护环这种自愈方式，其环上业务量随着网元节点数的增加而增加，如图 1-33 所示。

四纤双向复用段保护环（简称四纤环）是由 4 根光纤组成的，分别为 S1、P1、S2、P2。其中，S1、S2 为主环，传送主用业务，P1、P2 为备环，传送备用业务，即 P1、P2 分别用来在主环故障时保护 S1、S2 上的主用业务。请注意 S1、P1、S2、P2 的业务流向。S1 与 S2 业务流向相反（一致路由，双向环），S1、P1 和 S2、P2 两对光纤上业务流向也相反，从图 1-33a 可看出 S1 和 P2、S2 和 P1 上业务流向相同，这是以后讲双纤双向复用段保护环的基础，双纤双向复用段保护环就是因为 S1 和 P2、S2 和 P1 光纤上业务流向相同，才得以将四纤环转化为二纤环。另外要注意的是，四纤环上每个网元节点的配置要求是双 ADM 系统，因为一个 ADM 只有东、西两个线路端口（一对收发光纤称之为一个线路端口），而四纤环上的网元节点是东、西向各有两个线路端口，所以要配置成双 ADM 系统。

在环形网正常时，网元 A 到网元 C 的主用业务从 S1 经网元 B 到网元 C，网元 C 到网元 A 的业务经 S2 经网元 B 到网元 A（双向业务）。网元 A 和网元 C 的额外业务分别通过 P1 和 P2 传送。网元 A 和网元 C 通过收主纤上的业务互通两网元之间的主用业务，通过收备纤上的业务互通两网之间的备用业务，如图 1-33a 所示。

当 B—C 间光缆段光纤均被切断时，在故障端点的网元 B、C 的 S1 和 P1、S2 和 P2 有一个环回功能，如图 1-33b 所示（故障端点的网元环回）。这时，网元 A 到网元 C 的主用业务沿 S1 传到网元 B 处，在此网元 B 执行环回功能，将 S1 上的网元 A 到网元 C 的主用业务环到 P1 上传输，P1 上的额外业务被中断，经网元 A、D 穿通（其他网元执行穿通功能）传到网元 C，在网元 C 处 P1 上的业务环回到 S1 上（故障端点的网元执行环回功能），网元 C 通过收主环 S1

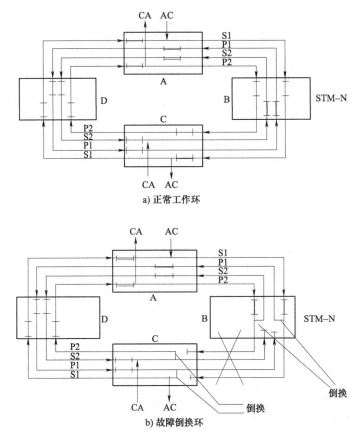

图 1-33 四纤双向复用段保护环

上的业务，接收到网元 A 到网元 C 的主用业务。

网元 C 到网元 A 的业务先由网元 C 将其主用业务环到 P2 上，P2 上的额外业务被中断，然后沿 P2 经过网元 D、A 的穿通传到网元 B，在网元 B 处执行环回功能将 P2 上的网元 C 到网元 A 的主用业务环回到 S2 上，再由 S2 传回到网元 A，由网元 A 下 S2 上的业务。通过这种环回、穿通方式完成了业务的复用段保护，使网络自愈。

四纤双向复用段保护环的业务容量有两种极端方式。一种是环上有一业务集中站，各网元与此站通业务，并无网元间的业务。这时环上的业务量最小，为 2×（STM-N）（主用业务）和 4×（STM-N）（包括额外业务）。该业务集中站东西两侧均最多只可通 STM-N（主）或 2×（STM-N）（包括额外业务），这是由于光缆段的数速级别只有 STM-N。另一种情况其环形网上只存在相邻网元的业务，不存在跨网元业务，这时每个光缆段均为相邻互通业务的网元专用，例如 A—D 光缆段只传输 A 与 D 之间的双向业务，D—C 光缆段只传输 D 与 C 之间的双向业务等。相邻网元间的业务不占用其他光缆段的时隙资源，则各个光缆段都最大传送 STM-N（主用）或 2×（STM-N）（包括备用）的业务（时隙可重复利用），而环上光缆段的个数等于环上网元的节点数，所以这时网络的业务容量达到最大，为 N×（STM-N）或 2N×（STM-N）。

尽管复用段环的保护倒换速度要慢于通道环，且倒换时要通过 K1、K2 字节的 APS 协议控制，使设备倒换时涉及的单板较多，容易出现故障，但由于双向复用段环最大的优点是网上业务容量大，业务分布越分散，网元节点数越多，它的容量也越大，信道利用率要大大高于通道环，所以双向复用段环得以普遍地应用。

双向复用段环主要用于业务分布较分散的网络，四纤环由于要求系统有较高的冗余度（4纤，双 ADM），成本较高，故用得不多。

🔍 **技术细节**

复用段保护环上网元节点的个数（不包括 REG，因为 REG 不参与复用段保护倒换功能）不是无限制的，而是由 K1、K2 字节确定的，环上节点数最大为 16 个。

5）双纤双向复用段保护环——双纤共享复用段保护环。鉴于四纤双向复用段保护环的成本较高，出现了一个新的变种——双纤双向复用段保护环，它们的保护机理相类似，只是采用双纤方式，网元节点只用单 ADM 即可，所以得到了广泛的应用。

从图 1-33a 中可看到，S1 和 P2、S2 和 P1 上的业务流向相同，那么可以使用时分技术将这两对光纤合成为两根光纤——S1/P2、S2/P1。这时将每根光纤的前半个时隙（如 STM-16 系统为1#~8#STM-1）传送主用业务，后半个时隙（如 STM-16 系统的 9#~16#STM-1）传送额外业务，即一根光纤的保护时隙用来保护另一根光纤上的主用业务。例如，S1/P2 上的 P2 时隙用来保护 S2/P1 上的 S2 业务，这是因为在四纤环上 S2 和 P2 本身就是一对主备用光纤，因此在双纤双向复用段保护环上无专门的主、备用光纤，每一条光纤的前半个时隙是主用信道，后半个时隙是备用信道，两根光纤上业务流向相反。双纤双向复用段保护环的保护机理如图 1-34a 所示。

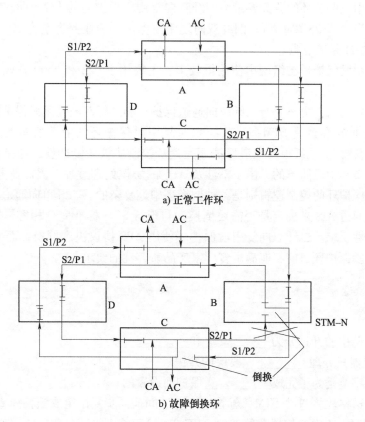

图 1-34　双纤双向复用段保护环

在网络正常情况下，网元 A 到网元 C 的主用业务放在 S1/P2 的 S1 时隙（对于 STM-16 系统，主用业务只能放在 STM-N 的前 8 个时隙 1#～8#STM-1［VC-4］中），备用业务放于 P2 时隙（对于 STM-16 系统只能放于 9#～16#STM-1［VC-4］中），沿 S1/P2 由网元 B 穿通传到网元 C，网元 C 从 S1/P2 上的 S1、P2 时隙分别提取出主用、额外业务。网元 C 到网元 A 的主用业务放于 S2/P1 的 S2 时隙，额外业务放于 S2/P1 的 P1 时隙，经网元 B 穿通传到网元 A，网元 A 从 S2/P1 上提取相应的业务。

在环形网 B—C 间光缆段被切断时，网元 A 到网元 C 的主用业务沿 S1/P2 传到网元 B，在网元 B 处进行环回（故障端点处环回），环回是将 S1/P2 上 S1 时隙的业务全部环到 S2/P1 上的 P1 时隙上（例如 STM-16 系统是将 S1/P2 上的 1#～8#STM-1［VC-4］全部环到 S2/P1 上的 9#～16#STM-1［VC-4］），此时 S2/P1 中 P1 时隙上的额外业务被中断。然后沿 S2/P1 经网元 A、网元 D 穿通传到网元 C，在网元 C 执行环回功能（故障端点站），即将 S2/P1 上的 P1 时隙所载的网元 A 到网元 C 的主用业务环回到 S1/P2 的 S1 时隙，网元 C 提取该时隙的业务，完成接收网元 A 到网元 C 的主用业务，如图 1-34b 所示。

网元 C 到网元 A 的业务先由网元 C 将网元 C 到网元 A 的主用业务 S2，环回到 S1/P2 的 P2 时隙上，这时 P2 时隙上的额外业务中断。然后沿 S1/P2 经网元 D、网元 A 穿通到达网元 B，在网元 B 处执行环回功能——将 S1/P2 的 P2 时隙业务环到 S2/P1 的 S2 时隙上，经 S2/P1 传到网元 A 落地。

通过以上方式完成了环形网在故障时业务的自愈。

双纤双向复用段保护环的业务容量为四纤双向复用段保护环的 1/2，即双纤双向复用段保护环的业务容量为（M/2×STM-N），四纤双向复用段保护环的业务容量为 M×(STM-N)（包括额外业务），其中 M 是节点数。

双纤双向复用段保护环在组网中使用得较多，主要用于 622 和 2500 系统，也适用于业务分散的网络。

当前组网中常见的自愈环只有二纤单向通道保护环和二纤双向复用段保护环两种。单向通道保护环的最大业务容量是 STM-N，双纤双向复用段保护环的业务容量为 (M/2)×(STM-N)（M 是环上节点数）。二纤单向通道保护环无论从控制协议的复杂性，还是操作的复杂性来说，都是各种倒换环中最简单的，由于不涉及 APS 的协议处理过程，因而业务倒换时间最短。二纤双向复用段保护环的控制逻辑则是各种倒换环中最复杂的。二纤单向通道保护环仅使用已经完全规定好的通道 AIS 来决定是否需要倒换，与现行 SDH 标准完全相容，因而也容易满足多厂家产品兼容性要求。二纤双向复用段保护环使用 APS 协议决定倒换，而 APS 协议尚未标准化，所以复用段保护环目前不能满足多厂家产品兼容性的要求。

### 1.2.5 习题

一、填空题

1. SDH 帧结构中的开销分为_____和_____。

2. 再生中继器只处理_____段层的开销。

3. K1 和 K2 字节是为了完成_____保护而设置的。

4. STM-N 传送模块将 N 个 STM-1 帧按_____间插同步复用组成帧长为 270×N 列×9 行。

5. 2M 复用在 VC-4 中的位置是第二个 TUG-3、第三个 TUG-2、第一个 TU-12，那么该 2M 的时隙序号为_____。

6. STM-1 可复用进_____个 2M 信号，_____个 34M 信号，_____个 140M 信号。

7. 自愈环按环上业务的方向将自愈环分为_____和_____两大类。

二、简答题

1. MS-AIS、MS-RDI 是由什么字节检测的？

2. OLF 告警的检测机理是什么？

3. 哪几字节完成了层层细化的误码监控？

4. 当 VC-4 与 AU-4 速率适配不做指针调整时，指针值是多少？

5. 2M 复用在 VC-4 中的位置是第四个 TUG-3、第三个 TUG-2、第三个 TU-12，那么该 2M 的时隙序号为多少？

6. 什么是自愈？其原理是什么？

## 任务 1.3　WDM 系统原理解读

**任务描述**

20 世纪 90 年代中后期，波分复用（WDM）开始应用到传输网骨干层和核心层的建设中。目前光纤传输技术在电信骨干网和数据中心等领域已经成为主导并获广泛应用，为了增加传输容量，普遍采用 WDM 传输，然而面向不同的应用场景，具体的传输技术有所差异。影响应用场景的主要因素是光纤链路的损耗和色散及所采用的光源（包含调制器）和探测器，对传输系统的成本也有重要影响，更是选择技术方案时的考量因素。本任务主要介绍 WDM 的概念及分类、DWDM 的工作原理、光放大器、光复用和解复用、光监控等内容。

**任务目标**

- 掌握 WDM 的概念及分类。
- 熟悉 DWDM 技术的工作原理。
- 掌握 DWDM 系统的组成及两种传输方式。
- 熟悉 CWDM、DWDM 的特点。
- 掌握光放大器的作用及分类。
- 熟悉掺铒光纤放大器和光纤拉曼放大器的工作原理及应用。
- 掌握光复用器和解复用器的作用及分类。
- 掌握 WDM 系统中光/电监控的工作原理。

### 1.3.1　WDM 概述

光通信系统可以按照频率、时间、空间来进行分割，其中按频率分割的系统称为频分复用（Frequency Division Multiplexing, FDM）系统，按时间分割的系统称为时分复用（TDM）系统，按空间分割的系统称为空分复用（Space Division Multiplexing, SDM）

1.3.1
WDM 概述

系统，也可以按波长进行分割，不同波长的光信号在同一根光纤中传送，这种方式叫作波分复用。需要注意的是，频率和波长是紧密相关的，频分即波分，但在光通信系统中，由于 WDM 系统分离波长采用光学分光元件，它不同于一般电通信中采用的滤波器，所以仍将两者分成两个不同的系统。

　　光纤的容量是极其巨大的，而传统的光纤通信系统都是在一根光纤中传输一路光信号，这样的做法事实上只利用了光纤丰富带宽中很少的一部分。WDM 的出现使得光纤带宽资源得到了充分的利用。在 WDM 系统中，将光纤的低损耗窗口划分成若干个信道，把光波作为信号的载波，将多种不同波长的光载波信号在发送端经复用器（Multiplexer，也称合波器）汇合在一起，并耦合到光线路的同一根光纤中进行传输；在接收端，经解复用器（Demultiplexer，也称分波器）将各种波长的光载波分离，然后由光接收机做进一步处理以恢复原信号。这种在同一根光纤中同时传输两个或众多不同波长光信号的技术，称为 WDM。

　　WDM 在本质上是光域上的频分复用（FDM）技术。根据通道间隔的不同，可分为粗波分复用（Coarse Wavelength Division Multiplexing，CWDM）和密集波分复用（Dense Wavelength Division Multiplexing，DWDM）。

---

**💡 小贴士**

　　波分复用技术本质上是频分复用。波分复用技术极大地提高了频谱利用率和服务质量。人的一生就如同频谱资源一样是有限的，虽然频谱可以复用，但人生无法复制。珍惜时光，善待时光，在最灿烂的年华谱写人生最美的篇章。

---

拓展学习 WDM 的传输媒质　　拓展学习 光纤的传输特性　　拓展学习 WDM 系统结构及传输模式

拓展学习 WDM 系统的光功率计算　　拓展学习 WDM 系统指标测试

### 1.3.2　CWDM 介绍

　　CWDM 是指信道之间波长间隔较大的一种波分复用。与 DWDM 相比，CWDM 技术的出现提供了一种低价格、高性能的传输解决方案，由于 CWDM 具有低成本、低功耗、小体积等优点，在城域传送网已经有了一定应用。CWDM 用很低的成本提供了很高的接入带宽，适用于点对点、以太网、SONET 环等流行的网络结构，特别适合短距离、高带宽、接入点密集的通信场合，如大楼内或大楼之间的网络通信。CWDM 技术提高了光纤利用率，给运营商和用户以更大的灵活性。

　　与 DWDM 相比，CWDM 载波通道间距较宽，ITU-T 面向城域网制定的 G.694.2 标准中，指出了 CWDM 应用的光谱间隔，在 1270~1610nm 范围内，建议了波长间隔 20nm 的 18 个可用波长，可以在 G.652 光纤上使用。另外，CWDM 调制激光采用非冷却激光，而 DWDM 采用的是冷却激光，它需要冷却技术来稳定波长，实现起来难度很大，成本也很高。CWDM 避开了这一难点，CWDM 系统采用的分布式反馈（DFB）激光器不需要冷却，因而大幅降低了成本，整个 CWDM 系统成本只有 DWDM 的 30%。随着越来越多的城域网运营商开始寻求更合理的传输解决方案，CWDM 越来越广泛地被业界接受。

　　但是，CWDM 是成本与性能折中的产物，不可避免地存在一些性能上的局限。CWDM 目

前主要存在以下三点不足:

1) CWDM 在单根光纤上支持的复用波长个数较少,导致日后扩容成本高。

2) 复用器、复用调制器等设备的成本还应进一步降低,这些设备不能只是 DWDM 相应设备的简单改型。

3) CWDM 还未形成标准。

### 1.3.3　DWDM 介绍

**1. DWDM 的原理**

DWDM 技术是利用单模光纤的带宽及低损耗的特性,采用多个波长作为载波,允许各载波信道在光纤内同时传输。与通用的单信道系统相比,DWDM 不仅极大地提高了网络系统的通信容量,充分利用了光纤的带宽,而且具有扩容简单和性能可靠等优点,特别是它可以直接接入多种业务使它的应用前景十分光明。

(1) DWDM 系统的分类

1) DWDM 系统按一根光纤中传输的光通道是单向还是双向可以分成单纤单向和单纤双向两种。

① 单纤单向 WDM 系统。在单纤单向 WDM 系统中,采用两根光纤,一根光纤只完成一个方向光信号的传输,反向光信号的传输由另一根光纤来完成,如图 1-35 所示。这种 WDM 系统可以充分利用光纤的巨大带宽资源,使一根光纤的传输容量扩大几倍甚至几十倍。在长途网中,可以根据实际业务量的需要逐步增加波长来实现扩容,十分灵活。在不清楚实际光缆色散的前提下,这也是一种暂时避免采用超高速光系统而利用多个 2.5Gbit/s 系统实现超大量传输的手段。

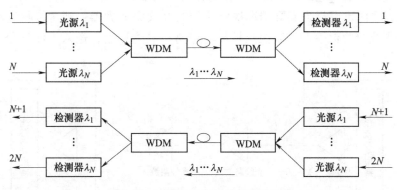

图 1-35　WDM 的单纤单向传输方式

② 单纤双向 WDM 系统。在单纤双向 WDM 系统中,只需要一根光纤即可实现两个方向光信号的同时传输,两个方向光信号应安排在不同波长上,如图 1-36 所示。

单纤双向 WDM 传输方式允许单根光纤携带全双工通路,通常可以比单向传输节约一半的光纤器件,由于两个方向传输的信号不交互产生四波混频(FWM)产物,因此其总的 FWM 产物比双纤单向传输少很多,但缺点是该系统需要采用特殊的措施来应对光反射(包括由于光接头引起的离散反射和光纤本身的瑞利后向反射),以防多径干扰。当需要将光信号放大以延长传输距离时,必须采用双向光纤放大器及光环形器等元件,但其噪声系数稍差。

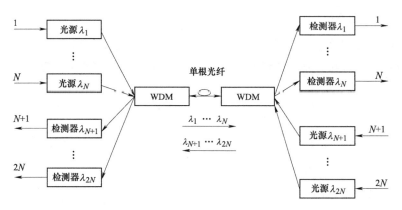

图 1-36　WDM 的单纤双向传输方式

2）结构上，DWDM 可分为集成系统和开放系统。

① 集成系统要求接入的单光传输设备终端的光信号是满足 G.692 标准的光源。

② 开放系统是在合波器前端及分波器的后端加波长转换单元（OTU），将当前通常使用的 G.957/G.691 接口波长转换为 G.692 标准的波长光接口。因此，开放式系统采用波长转换技术使得任意满足 G.957/G.691 建议要求的光信号能运用光-电-光的方法，通过波长变换之后转换至满足 G.692 要求的规范波长光信号，再通过 WDM，从而在 DWDM 系统上传输。根据工程的需要可以选用不同的应用形式。在实际应用中，开放 DWDM 和集成 DWDM 可以混合使用。

（2）DWDM 系统的构成

DWDM 系统的构成如图 1-37 所示。在发送端，光发射机发出波长不同而精度和稳定度满足一定要求的光信号，经过光波长复用器复用在一起送入掺铒光纤功率放大器（掺铒光纤放大器主要用来弥补合波器引起的功率损失和提高光信号的发送功率），再将放大后的多路光信号送入光纤传输，中间可以根据实际情况决定是否有光线路放大器，到达接收端经光前置放大器（主要用于提高接收灵敏度，以便延长传输距离）放大以后，送入光波长分波器分解出原来的各路光信号。

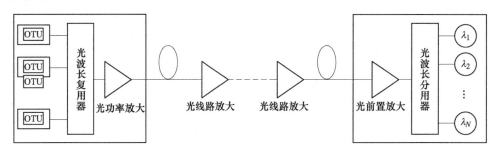

图 1-37　DWDM 系统的构成

在一个 $N$ 路波长复用的 WDM 系统中，基本组成模块有光波长转换单元（OTU）、波分复用器、光放大器（BA/LA/PA）、光监控信道（OSC）。

1）光波长转换单元将非标准的波长转换为 ITU-T 所规范的标准波长，系统中应用光-电-光（O-E-O）的变换，即先用 PIN 光电二极管或 APD（雪崩光电二极管）把接收到的光信号转换为电信号，然后该电信号对标准波长的激光器进行调制，从而得到满足要求的新光波长信号。

2）波分复用器可分为发送端的光合波器（ODU）与接收端的光分波器（OMU）。光合波器用于传输系统的发送端，是一种具有多个输入端口和一个输出端口的器件，它的每一个输入端口输入一个预选波长的光信号，输入的不同波长的光波由同一输出端口输出。光分波器用于传输系统的接收端，正好与光合波器相反，它具有一个输入端口和多个输出端口，将多个不同波长信号分开。

3）光放大器不但可以对光信号进行直接放大，还具有实时、高增益、宽带、在线、低噪声、低损耗等特点，是新一代光纤通信系统中必不可少的关键器件。目前常用的光纤放大器主要有掺铒光纤放大器（EDFA）、半导体光放大器（SOA）和光纤拉曼放大器（FRA）等，其中掺铒光纤放大器以其优越的性能被广泛应用于长距离、大容量、高速率的光纤通信系统中，作为前置放大器、线路放大器、功率放大器使用。

4）光监控信道是为 WDM 的光传输系统的监控而设立的。ITU-T 建议优选采用波长为 1510nm，容量为 2Mbit/s。光监控信道在低速率传输的情况下依旧可以保持高的接收灵敏度（-48dBm），但它必须在 EDFA 之前下光路，而在 EDFA 之后上光路。

**2. DWDM 的特点**

（1）超大容量

DWDM 技术能够使一根光纤的传输容量比单波长传输容量增加几倍、几十倍甚至几百倍，极大地提升了光纤带宽资源的利用率。

（2）"透明"传输

由于 DWDM 系统按光波长的不同进行复用和解复用，而与信号的速率和电调制方式无关，即对数据是"透明"的。一个 DWDM 系统的业务可以承载多种格式的"业务"信号，如 ATM、IP 信号等。

（3）投资保护

在 DWDM 系统中，网络扩容时能最大限度地保护已有投资，无须对光缆线路进行改造，只需更换光发射机和光接收机即可实现，是理想的扩容手段，也是引入宽带业务的方便手段，而且增加一个波长即可引入任意想要的新业务或新容量。

（4）高度的组网经济性和可靠性

与传统的时分多址（TDMA）网络结构相比，DWDM 通信网络结构得到了很大的简化，而且网络层次分明，各种业务的调度只需调整相应光信号的波长即可实现。由于网络结构简化、层次分明及业务调度方便，由此带来的网络的灵活性、经济性和可靠性是显而易见的。

（5）可构成全光网络

全光网络是一种基于光域的组网形式，是具有波长选路、波长交换等高级特征的 WDM 网络。DWDM 技术将是实现全光网的关键技术之一，而且 DWDM 系统能与未来的全光网兼容，将来可能会在已经建成的 DWDM 系统的基础上实现透明、具有高度生存性的全光网络。

### 1.3.4 DWDM 系统的组网形式

DWDM 系统最基本的组网形式有点到点、链状组网、环形组网形式，这 3 种形式可组合出其他较复杂的网络形式。与 SDH 设备、PTN 设备组合，可组成十分复杂的光传送网络。

**1. 点到点组网**

在点到点的拓扑中，设备利用有限的光纤资源，复用出几倍于原有的带宽来实现两点之间多业务的双向汇聚，比 CWDM 具有更大的带宽容量。点到点组网示意图如图 1-38 所示。

图 1-38　DWDM 点到点组网示意图

### 2. 链形组网

利用光终端复用器（OTM）和光分插复用器（OADM）配合，上下几路波长，可构架出城域光通信中的链形网络。链形组网示意图如图 1-39 所示。

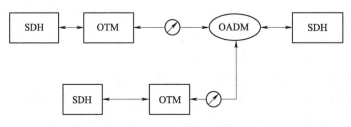

图 1-39　DWDM 链形组网示意图

### 3. 环形组网

在环形网组拓扑中，利用多个波通道在双纤资源中实现业务对称环网，如果主路由业务中断，则业务自动切换至备用路由，实现业务侧和复用段组环保护，保证业务稳定传输，提高了系统的稳定性，同时 DWDM 各通道相互独立，相互通信无干扰，提高业务容量。在节省光纤资源的同时，保证了业务信号的安全性、稳定性，充分体现波分复用的优势。环形组网示意图如图 1-40 所示。

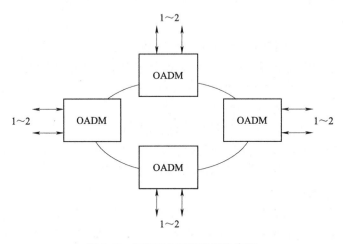

图 1-40　DWDM 环形组网示意图

## 1.3.5　DWDM 关键技术

### 1. 光源

光源的作用是产生激光或荧光，它是 DWDM 系统的重要器件。目前 DWDM 系统中使用的光源主要是半导体激光器（Laser Diode，LD），其特点是体积小、重量轻、耗电量小。

LD 一般适用于长距离、大容量的传输系统，广泛采用在高速率的 PDH 和 SDH 设备上。

DWDM 系统的工作波长较为密集，一般波长间隔为几纳米到零点几纳米，这就要求激光器工作在一个标准波长上，并且具有很好的稳定性。另一方面，DWDM 系统的无电再生中继长度从单个 SDH 系统传输 50~60km 增加到 500~600km，在延长传输系统的色散受限距离的同时，为了克服光纤的非线性效应，要求 DWDM 系统的光源使用技术更为先进、性能更为优越的激光器。

　　目前广泛使用的光纤通信系统均为强度调制——直接检波系统，对光源进行强度调制的方法有两类，即直接调制和间接调制。

　　（1）直接调制

　　直接调制又称为内调制，是一种直接对光源进行调制的方式，通过控制半导体激光器的注入电流的大小来改变激光器输出光波的强弱。传统的 PDH 和 2.5Gbit/s 速率以下的 SDH 系统使用的 LED 或 LD 光源大多数采用这种调制方式。直接调制方式的特点是输出功率正比于调制电流，具有结构简单、损耗小、成本低的特点，但由于调制电流的变化将引起激光器发光谐振腔的长度发生变化，引起发射激光的波长随着调制电流线性变化，这种变化被称作调制啁啾，它实际上是一种直接调制光源无法克服的波长（频率）抖动。啁啾的存在展宽了激光器发射光谱的带宽，使光源的光谱特性变坏，限制了系统的传输速率和距离。一般情况下，在常规 G.652 光纤上使用时，传输距离小于或等于 100km，传输速率小于或等于 2.5Gbit/s。对于无须采用光线路放大器的 DWDM 系统，从节省成本的角度出发，可以考虑采用直接调制方式。

　　（2）间接调制

　　间接调制又称为外调制，即不直接调制光源，而是在光源的输出通道上外加调制器对光波进行调制，此调制器实际上起到一个开关的作用，结构如图 1-41 所示。

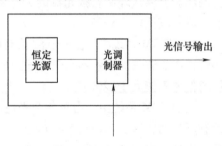

图 1-41　外调制激光器的结构

　　恒定光源是一个连续发送固定波长和功率的高稳定光源，在发光过程中，不受电调制信号的影响，因此不产生调制频率啁啾，光谱的谱线宽度维持在最小。光调制器对恒定光源发出的高稳定激光根据电调制信号以"允许"或者"禁止"通过的方式进行处理，而在调制的过程中，对光波的频谱特性不会产生任何影响，保证了光谱的质量。

　　间接调制方式的激光器比较复杂、损耗大、造价高，但调制频率啁啾很小，可以应用于传输速率超过 2.5Gbit/s、传输距离超过 300km 的系统。因此一般来说，在使用光线路放大器的 DWDM 系统中，发射部分的激光器均为间接调制方式的激光器。

　　**2. 调制器**

　　根据光源与外调制器的集成和分离情况，外调制激光器又可以分为集成式和分离式两种。集成外调制技术日益成熟，是 DWDM 光源的发展方向。常见的是紧凑小巧、与光源集成在一起，性能上也满足绝大多数应用要求的电吸收调制器。

　　（1）电吸收调制器

　　电吸收调制器是一种损耗调制器，它工作在调制器材料吸收区边界波长处，如图 1-42 所示。当调制器无偏压时，光源发送波长在调制器材料的吸收范围之外，该波长的输出功率最大，调制器为导通状态；当调制器有偏压时，调制器材料的吸收区边界波长移动，光源发送波长在调制器材料的吸收范围内，输出功率最小，调制器为断开状态。

　　电吸收调制器可以利用与半导体激光器相同的工艺过程制造，因此光源和调制器容易集成

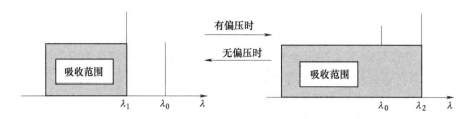

图 1-42　电吸收调制器的吸收波长的改变示意图

$\lambda_1$—调制器无偏压时的吸收边波长　$\lambda_2$—调制器有偏压时的吸收边波长　$\lambda_0$—恒定光源的发光工作波长

在一起，适合批量生产，因此发展速度很快。电吸收调制激光器（EML）是一种比较典型的光电集成电路，可以支持 2.5Gbit/s 信号传输 600km 以上的距离，远远超过直接调制激光器所能传输的距离，其可靠性也与标准 DFB 激光器类似，平均寿命达 20 年。

（2）分离式调制器

分离式调制器是将输入光分成两路相等的信号，分别进入调制器的两个光支路，这两个光支路采用电光材料，即其折射率会随着外部施加的电信号大小而变化，由于光支路的折射率变化将导致信号相位的变化，故两个支路的信号在调制器的输出端再次结合时，合成的光信号是一个强度大小变化的干涉信号，通过这种办法，将电信号的信息转换到光信号上，实现了光强度调制。分离式外调制激光器的频率啁啾可以等于零，而且相对于集成式电吸收外调制激光器，成本较低。

在 DWDM 系统中，激光器波长的稳定是一个十分关键的问题，根据 ITU-T G.692 建议的要求，中心波长的偏差不大于光通道间隔的 ±1/5，即当光通道间隔为 0.8nm 的系统，中心波长的偏差不能大于 ±20GHz。

在 DWDM 系统中，由于各个光通道的间隔很小（可低达 0.8nm），因而对光源的波长稳定性有严格的要求，例如 0.5nm 的波长变化就足以使一个光通道移到另一个光通道上。在实际系统中波长的偏移量必须控制在 0.2nm 以内，其具体要求随波长间隔而定，波长间隔越小要求越高，所以激光器需要采用严格的波长稳定技术。

（3）集成式调制器

集成式电吸收调制激光器的波长微调主要靠改变温度来实现，其波长的温度灵敏度为 0.08nm/℃，正常工作温度为 25℃，在 15~35℃ 温度范围内调节芯片的温度，即可使激光器调定在一个指定的波长上，调节范围为 1.6nm。改变制冷器的驱动电流，再用热敏电阻作反馈便可使芯片温度稳定在一个基本恒定的温度上。

（4）DFB

DFB 激光器的波长稳定是利用波长和管芯温度对应的特性，通过控制激光器管芯处的温度来控制波长，以达到稳定波长的目的。对于 1.5μm DFB 激光器，波长温度系数约为 0.02nm/℃，它在 15~35℃ 范围内中心波长符合要求。这种温度反馈控制的方法完全取决于 DFB 激光器的管芯温度。目前，MWQ-DFB 激光器工艺可以在激光器的寿命时间（20 年）内保证波长的偏移满足 DWDM 系统的要求。

除了温度外，激光器的驱动电流也能影响波长，其灵敏度为 0.008nm/mA，比温度的影响约小一个数量级，在有些情况下，其影响可以忽略。此外，封装的温度也可能影响到器件的波长，例如从封装到激光器平台的连线带来的温度传导和从封装壳向内部的辐射，也会影响器件的波长。在一个设计良好的封装中其影响可以控制在最小。

以上方法可以有效解决短期波长的稳定问题，对于激光器老化等原因引起的波长长期变化就显得无能为力。直接使用波长敏感元件对光源进行波长反馈控制是比较理想的，原理如图 1-43 所示。

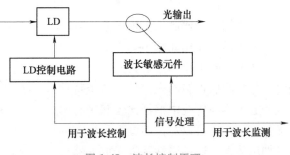

图 1-43　波长控制原理

### 3. 光电检测器

光电检测技术是光电技术的重要组成部分，是对光量及大量非光物理量进行测量的重要手段。在光纤传感及光纤通信系统中，光电检测器是光接收机实现光电转换的关键器件，它的灵敏度、带宽等特性参数直接影响系统的总体性能。由于从光纤传送过来的光信号一般非常微弱，因此对光电检测器提出了非常高的要求：

1）在工作波长范围内有足够高的响应度。

2）在完成光电转换的过程中，引入的附加噪声应尽可能小。

3）响应速度快。线性好及频带宽，使信号失真尽量小。

4）工作稳定可靠。有较好的稳定性及较长的工作寿命。

5）体积小，使用简便。

DWDM 系统中使用的半导体光电检测器主要有 PIN 光电二极管和 APD 两种。PIN 光电二极管是在 P 型和 N 型之间夹着本征（轻掺杂）区域。在这个器件反向偏置时，表现出几乎是无穷大的内部阻抗（类似开路），输出电流正比于输入光功率。PIN 光电二极管的价格低，使用简单，但响应慢。在长途光纤通信系统中，仅有毫瓦级的光功率从光发送机输出后，经光纤的长途传输，到达接收端的光信号十分微弱，一般仅有几纳瓦。如果采用 PIN 光电二极管检测，那么输出的光电流仅有几纳安，为了使光接收机的判决电路正常工作，必须对这个电流多级放大。由于在放大信号的过程中不可避免地会引入各种电路噪声，从而使光接收机的信噪比降低，灵敏度下降。为了克服 PIN 光电二极管的上述缺点，光纤通信系统还采用一种具有内部电流放大作用的光电二极管，即雪崩光电二极管。雪崩光电二极管是利用光生载流子在耗尽区内的雪崩倍增效应，产生光电流的倍增作用。雪崩倍增效应是指 PN 结外加高反向偏压后，在耗尽区内形成一个强电场。当耗尽区吸收光子时，激发出来的光生载流子被强电场加速，以极高的速度与耗尽区的晶格发生碰撞，产生新的光生载流子，并形成连锁反应，从而使光电流在光电二极管内部获得倍增。雪崩光电二极管的增益和响应速度都优于 PIN 光电二极管，但其噪声特性差。

### 4. 光放大器

光信号沿光纤传输一定距离后，会因为光纤的衰减特性而减弱，从而使传输距离受到限制。通常对于多模光纤，无中继距离约为 20km，对于单模光纤，小于 80km。为了使信号传送的距离更大，必须增强光信号。

光纤通信早期使用的是光-电-光再生中继器，需要进行光-电转换、电放大、定时脉冲整形及电-光转换，这种中继器适用于中等速率和单波长的传输系统。对于高速、多波长应用场合，中继的设备复杂，费用昂贵。而且由于电子设备不可避免地存在着寄生电容，限制了传输速率

的进一步提高，出现了"电子瓶颈"。在光纤网络中，当有许多光发送器以不同位率和格式将光发送到许多接收器时，无法使用传统中继器，因此产生了对光放大器的需要。经过多年的探索，科学家们已经研制出多种光放大器。

光放大器的作用如图 1-44 所示。

光放大器的工作不需要将光信号转换到电信号，然后再转回光信号。这个特性导致光放大器与传统中继器比较起来有两大优势：一是它可以对任何位率和格式的信号加以放大，这种属性称为光放大器对

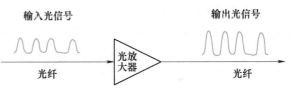

图 1-44　光放大器的作用

任何位率和信号格式是透明的；二是它不只是对单个信号波长，而是在一定波长范围内对若干个信号都可以放大。而且，只有光放大器能够支持多种位率、各种调制格式和不同波长的时分复用和波分复用网络。实际上，只有光放大器特别是 EDFA 的出现，WDM 技术才真正在光纤通信中扮演重要角色。

现在有两种主要类型的光放大器在使用：半导体光放大器（SOA）和光纤光放大器（FOA）。半导体光放大器实质上是半导体激光器的活性介质。换句话说，一个半导体放大器是一个没有或有很少光反馈的激光二极管。

光纤放大器又可以分为掺稀土离子光纤放大器和非线性光纤放大器。像半导体放大器一样，掺稀土离子光纤放大器的工作原理也是受激辐射；而非线性光纤放大器是利用光纤的非线性效应放大光信号。实用化的光纤放大器有掺铒光纤放大器（EDFA）和光纤拉曼放大器（FRA）。

（1）掺铒光纤放大器

1）掺铒光纤放大器的原理。

光纤放大器的激活介质（或称增益介质）是一段特殊的光纤或传输光纤，并且和泵浦激光器相连；当信号光通过这一段光纤时，信号光被放大，原理如图 1-45 所示。图中的激活介质为一种稀土掺杂光纤，它吸收了泵浦源提供的能量，使电子跳到高能级上，产生粒子数反转，输入信号光子通过受激辐射过程触发这些已经激活的电子，使其跃迁到较低的能级，从而产生一个放大信号。泵浦源是具有一定波长的光能量源。对目前使用较为普及的 EDFA 来说，其泵浦源的波长有 1480nm 和 980nm 两种，980nm 泵浦源应用较多，其优点是噪声低、泵浦效率高，功率可高达数百毫瓦。激活介质则为掺铒光纤。光隔离器的作用是使光的传输具有单向性，在输入、输出端插入光隔离器是为了防止光反射回原器件，因为这种反射会增加放大器的噪声并降低放大效率。插入光隔离器可以使系统工作稳定可靠、降低噪声。对隔离器的基本要求是插入损耗低、反向隔离度大。

图 1-45　光纤放大器原理图

根据 EDFA 在 DWDM 光传输网络中的位置，其可以分功率放大器（Booster Amplifier，BA）、线路放大器（Line Amplifier，LA）和前置放大器（Pre-Amplifier，PA）。

EDFA 的工作机理基于受激辐射。图 1-46 给出了 EDFA 的能级图，这里用三能级表示。$E_1$ 是基态，$E_2$ 是中间能级，$E_3$ 代表激发态。

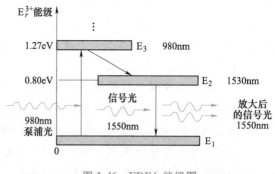

图 1-46　EDFA 能级图

若泵浦光的光子能量等于 $E_3-E_1$，铒离子吸收泵浦光后，受激不断地从能级 $E_1$ 转移到能级 $E_3$ 上。但是 $E_3$ 激活态是不稳定的，在能级 $E_3$ 上停留很短的时间（寿命约 $1\mu s$），然后无辐射地落到能级 $E_2$ 上。由于铒离子在能级 $E_2$ 上的寿命约为 10ms，所以能级 $E_2$ 上的铒离子不断积累，使能级 $E_2$ 与能级 $E_1$ 之间形成粒子数反转。若信号光的光子能量等于 $E_2-E_1$，在输入光子（信号光）的激励下，铒离子从能级 $E_2$ 跃迁到能级 $E_1$ 上，这种受激跃迁将伴随着与输入光子具有相同波长、方向和相位的受激辐射，使得信号光得到了有效的放大。

另一方面，也有少数粒子以自发辐射方式从能级 $E_2$ 跃迁到能级 $E_1$，产生自发辐射噪声，并且在传输的过程中不断放大，成为放大的自发辐射。为了提高放大器的增益，应尽可能使基态铒离子激发到激发态能级 $E_3$。

EDFA 的增益特性与泵浦方式及其光纤掺杂剂有关。可使用多种不同波长的光来泵浦 EDFA，但是 $0.98\mu m$ 和 $1.48\mu m$ 的半导体激光泵浦最有效。使用这两种波长的光泵浦 EDFA 时，只用几毫瓦的泵浦功率就可获得高达 30 ~ 40dB 的放大器增益。1480nm 波长的泵浦可以直接将铒离子从能级 $E_1$ 激发到能级 $E_2$，实现粒子数反转。

图 1-47 给出了掺铒光纤放大器中掺铒光纤（EDF）长度、泵浦光强度与信号光强度之间的关系。

由图 1-47 可知，泵浦光能量入射到掺铒光纤中后，把能量沿光纤逐渐转移到信号上，即对信号光进行放大。当沿掺铒光纤传输到某一点时，可以得到最大信号光输出。所以对掺铒光纤放大器而言，有一个最佳长度，这个长度为 20~40m。而 1480nm 泵浦光的功率为数十毫瓦。

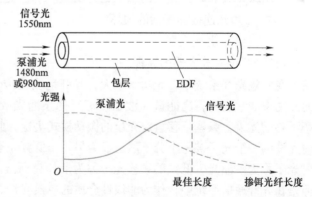

图 1-47　EDF 长度、泵浦光强度与信号光强度之间的关系

EDFA 作为新一代光通信系统的关键部件，具有增益高、输出功率大、工作光学带宽较宽、与偏振无关、噪声指数较低、放大特性与系统位率和数据格式无关等优点。它是大容量 DWDM 系统中必不可少的关键部件。

在 DWDM 系统中，复用的光通路数越来越多，需要串接的光放大器数目也越来越多，因而要求单个光放大器占据的谱宽也越来越宽。然而，普通的以纯硅光纤为基础的 EDFA 的增益平坦区很窄，仅为 1549~1561nm，约 12nm 的范围，在 1530~1542nm 的增益起伏很大，可高达 8dB。因此，当 DWDM 系统的通路安排超出增益平坦区时，在 1540nm 附近的通路会遭受严重的信噪比劣化，无法保证正常的信号输出。为了解决上述问题，更好地适应 DWDM 系统的发展，人们开发出以掺铝的硅光纤为基础的增益平坦型 EDFA，大大地改善了 EDFA 的工作波长带宽，平抑了增益的波动。目前的技术已经能够做到 1dB 增益平坦区并且几乎扩展到整个铒通带（1525~1560nm），基本解决了普通 EDFA 的增益不平坦问题。

2）掺铒光纤放大器的主要优点。

- 工作波长与单模光纤的最小衰减窗口一致。
- 耦合效率高。由于是光纤放大器，易与传输光纤耦合连接。
- 能量转换效率高。掺铒光纤的纤芯比传输光纤小，信号光和泵浦光同时在掺铒光纤中传播，光能量非常集中。这使得光与增益介质 Er 离子的作用非常充分，加上适当长度的掺铒光纤，因而光能量的转换效率高。
- 增益高、噪声指数较低、输出功率大，串话很小。
- 增益特性稳定，EDFA 对温度不敏感，增益与偏振无关。
- 增益特性与系统位率和数据格式无关。

3）掺铒光纤放大器的主要缺点。

- 增益波长范围固定：Er 离子能级之间的能级差决定了 EDFA 的工作波长范围是固定的，只能在 1550nm 窗口，这也是掺稀土离子光纤放大器的局限性。又例如，掺镨光纤放大器只能工作在 1310nm 窗口。
- 增益带宽不平坦：EDFA 的增益带宽很宽，但 EFDA 本身的增益谱不平坦。在 WDM 系统中应用时必须采取特殊的技术使其增益平坦。
- 光浪涌问题：采用 EDFA 可使输入光功率迅速增大，但由于 EDFA 的动态增益变化较慢，在输入信号能量跳变的瞬间，将产生光浪涌，即输出光功率出现尖峰，尤其是当 EDFA 级联时，光浪涌现象更为明显。峰值光功率可以达到几瓦，有可能造成 O/E 变换器和光连接器端面的损坏。

（2）光纤拉曼放大器

1）光纤拉曼放大器的原理。

在常规光纤系统中，光功率不大，光纤呈线性传输特性。当注入光纤-非线性光学介质中的光功率非常高时，高能量（波长较短）的泵浦光散射，将一小部分入射功率转移到另一频率下移的光束，频率下移量由介质的振动模式决定，此过程称为拉曼效应。量子力学描述为入射光波的一个光子被一个分子散射成为另一个低频光子，同时分子完成振动态之间的跃迁。入射光子称为泵浦光，低频的频移光子称为斯托克斯波。普通的拉曼散射需要很强的激光功率，但是在光纤通信系统中，作为非线性介质的单模光纤，其纤芯直径非常小（一般小于 10μm），因此单模光纤可将高强度的激光场与介质的相互作用限制在非常小的截面内，大大提高了入射光场的光功率密度，在低损耗光纤中，光场与介质的作用可以维持很长的距离，其间的能量耦合很充分，使得在光纤中利用受激拉曼散射（SRS）成为可能。

实验证明，石英光纤具有很宽的受激拉曼散射增益谱，并在泵浦光频率下移 13THz 附近有一较宽的增益峰。如果一个弱信号与一强泵浦光同时在光纤中传输，并使弱信号波长置于泵浦光的拉曼增益带宽内，弱信号光即可得到放大，这种基于受激拉曼散射机制的光放大器称为光纤拉曼放大器。光纤拉曼放大器的增益是开关增益，即放大器打开与关闭状态下输出功率的差值。

光纤拉曼放大器与常规 EDFA 混合使用时可大大降低系统的噪声指数，增加传输跨距。

2）光纤拉曼放大器的特点。

- 增益波长由泵浦源的波长决定。只要泵浦源的波长适当，理论上可得到任意波长的信号放大。如图1-48所示，虚线为3个泵浦源产生的增益谱。光纤拉曼放大器的这一特点使其可以放大EDFA不能放大的波段，使用多个泵浦源还可得到比EDFA宽得多的增益带宽（后者由于能级跃迁机制所限，增益带宽只有80nm）。因此，光纤拉曼放大器对于开发光纤的整个低损耗区（1270~1670nm）具有无可替代的作用。

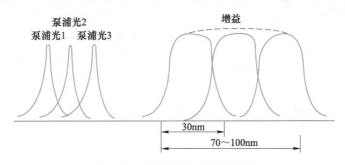

图1-48　多泵浦时的拉曼增益谱

- 增益介质为传输光纤本身。这使光纤拉曼放大器可以对光信号进行在线放大，构成分布式放大，实现长距离的无中继传输和远程泵浦，尤其适用于海底光缆通信等不方便设立中继器的场合，而且因为放大是沿光纤分布而不是集中作用，光纤中各处的信号光功率都比较小，从而可降低非线性效应尤其是四波混频（FWM）效应的干扰。
- 噪声指数低。这使光纤拉曼放大器与常规EDFA混合使用时可大大降低系统的噪声指数，增加传输跨距。

5. 光复用器和光解复用器

WDM系统的核心部件是波分复用器件，即光复用器（也称合波器）和光解复用器（也称分波器），实际上均为光学滤波器，其性能好坏在很大程度上决定了整个系统的性能。如图1-49所示，合波器的主要作用是将多个波长信号合在一根光纤中传输，分波器的主要作用是将在一根光纤中传输的多个波长信号分离。WDM系统性能好坏的关键是WDM器件，其要求是复用通路数量足够、插入损耗小、串音衰耗大和通带范围宽等。从原理上讲，合波器与分波器是相同的，只需要改变输入、输出的方向。WDM系统中使用的波分复用器件的性能满足ITU-T G.671及相关建议的要求。

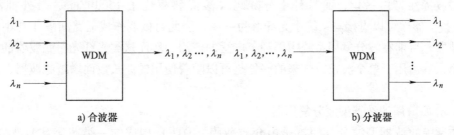

图1-49　WDM器件

光波分复用器的种类有很多，应用比较广泛的波分复用器有光栅型波分复用器、介质薄膜滤波器型波分复用器、熔拉双锥光纤耦合器、集成光波导型波分复用器。

（1）光栅型波分复用器

光栅型波分复用器属于角色散型器件，利用角色散元件来分离和合并不同波长的光信号。最流行的衍射光栅是在玻璃衬底上沉积环氧树脂，然后在环氧树脂上制造光栅线，构成反射型闪烁光栅。入射光照射到光栅上后，由于光栅的角色散作用，不同波长的光信号以不同的角度反射，然后经透镜会聚到不同的输出光纤，从而完成波长选择功能，逆过程也成立，如图1-50所示。闪烁光栅的优点是高分辨的波长选择作用，可以将特定波长的绝大部分能量与其他波长进行分离且方向集中。

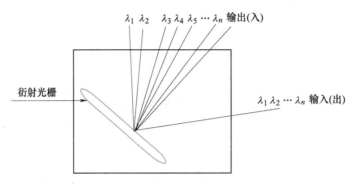

图1-50　光栅型波分复用器原理

光栅型滤波器具有优良的波长选择性，可以使波长的间隔缩小到0.5nm左右。另外，光栅型器件是并联工作的，插入损耗不会随复用通路波长数的增多而增大，因而可以获得较多的复用通路数，已能实现131个波长间距为0.5nm的复用，其隔离度也较好。当波长间隔为1nm时，隔离度可以高达55dB。闪烁光栅的缺点是插入损耗较大，通常有3~8dB，对极化很敏感，光通路带宽/通路间隔比尚不理想，使光谱利用率不够高，对光源和波分复用器的波长容错性要求较高。此外，其温度漂移随所用材料的热膨胀系数和折射率变化而变化，典型器件的温度漂移约为0.012nm/℃，比较大。若采用温度控制措施，则温度漂移可以减少至0.0004nm/℃。因此，对于波分复用器采用温控措施是可行和必要的。这类光栅在制造上要求较精密，不适合大批量生产，因此通常在实验室的科学研究中应用较多。

除上述传统的光纤器件外，布拉格光纤光栅滤波器的制造技术也逐渐成熟起来，它的制造方法是利用高功率紫外光波束干涉，从而在光纤纤芯区形成周期性的折射率变化，如图1-51所示。布拉格光纤光栅的设计和制造比较快捷方便，成本较低，插入损耗很小，温度特性稳定，其滤波特性带内平坦，而带外十分陡峭（滚降斜率优于150dB/nm，带外抑制比高达50dB），整个器件可以直接与系统中光纤融为一体，因此可以制作成通路间隔非常小的带通或带阻滤波器，目前在波分复用系统中得到了广泛的应用。然而这类光纤光栅滤波器的波长适用范围较窄，只适用于单个波长，带来的好处是可以随着使用的波长数而增减滤波器，应用比较灵活。

（2）介质薄膜滤波器型波分复用器

介质薄膜滤波器型波分复用器是由介质薄膜（DTF）构成的一类芯交互型波分复用器。DTF干涉滤波器是由几十层不同材料、不同折射率和不同厚度的介质膜，按照设计要求组合起来，每层的厚度为1/4波长，一层为高折射率，一层为低折射率，交替叠合而成。当光入射到高折射层时，反射光没有相移；当光入射到低折射层时，反射光经历180°相移。由于层厚1/4

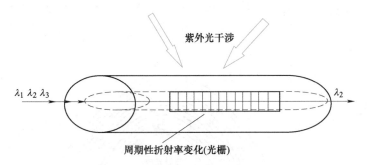

图 1-51 光导纤维中布拉格光栅滤波器

波长（90°），因而经低折射率层反射的光经历 360° 相移后与经高折射率层的反射光同相叠加，则在中心波长附近各层反射光叠加，在滤波器前端面形成很强的反射光。在这高反射区之外，反射光突然降低，大部分光成为透射光。据此可以使薄膜干涉型滤波器对一定波长范围呈通带，而对另外波长范围呈阻带，形成所要求的滤波特性。薄膜干涉型滤波器的结构原理如图 1-52 所示。

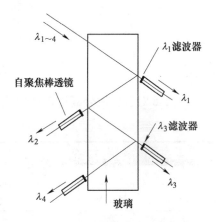

图 1-52 介质薄膜滤波器型波分复用器原理

介质薄膜滤波器型波分复用器的优点是，设计上可以实现结构稳定的小型化器件，信号通带平坦且与极化无关，插入损耗低，通路间隔度好，缺点是通路数不多。其具体特点还与结构有关，如薄膜滤波器型波分复用器在采用软型材料时，由于滤波器容易吸潮，受环境的影响而改变波长；采用硬介质薄膜时材料的温度稳定性优于 0.0005nm/℃。另外，这种器件的设计和制造过程较长，产量较低，光路中使用环氧树脂时隔离度不易很高，带宽不易很窄。在波分复用系统中，当只有 4~16 个波长波分复用时，使用该型波分复用器，是比较理想的。

（3）光纤耦合器

光纤耦合器有两类，熔拉双锥（熔锥）光纤耦合器保偏光纤耦合器。应用较广泛的是熔拉双锥（熔锥）型波分复用器，即将多根光纤在热熔融条件下拉成锥形，并稍加扭曲，使其熔接在一起。由于不同光纤的纤芯十分靠近，因而可以通过锥形区的消失波耦合来达到需要的耦合功率。另一种是采用研磨和抛光的方法去掉光纤的部分包层，只留下很薄的一层包层，再将两根经同样方法加工的光纤对接在一起，中间涂有一层折射率匹配液，于是两根光纤可以通过包层里的消失波发生耦合，得到所需要的耦合功率。熔拉双锥光纤耦合器制造简单，应用广泛。

（4）集成光波导型波分复用器

集成光波导型波分复用器是以光集成技术为基础的平面波导型器件，典型制造过程是在硅片上沉积一层薄薄的二氧化硅玻璃，并利用光刻技术形成所需要的图案并腐蚀成型。该器件可以集成

1.3.5
DWDM 关键技术
——波分复用器

生产，在今后的接入网中有很大的应用前景，而且除了波分复用器之外，还可以做成矩阵结构，对光信道进行上/下分插（OADM），是今后光传送网络中实现光交换的优选方案。较有代

表性的集成光波导型波分复用器是日本 NTT 公司制作的波导阵列光栅光合波分波器，它具有波长间隔小、通路数多、通带平坦等优点，非常适合于超高速、大容量波分复用系统使用。其结构示意图如图 1-53 所示。

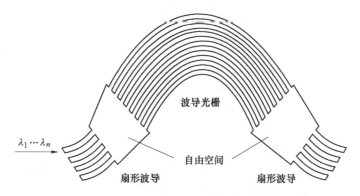

图 1-53　集成光波导型波分复用器原理

表 1-8 对各种波分复用器件性能进行了比较。

表 1-8　各种波分复用器件性能的比较

| 器件类型 | 机理 | 批量生产 | 通路间隔 /nm | 通路数 | 串音 /dB | 插入损耗 /dB | 主要缺点 |
|---|---|---|---|---|---|---|---|
| 光栅型 | 角色散 | 一般 | 0.5~10 | 1~31 | ≤-30 | 3~6 | 温度敏感 |
| 介质薄膜滤波器型 | 干涉/吸收 | 一般 | 1~100 | 2~32 | ≤-25 | 2~6 | 通路数较少 |
| 熔拉双锥 | 波长依赖型 | 较容易 | 10~100 | 2~6 | ≤-(10~45) | 0.2~1.5 | 通路数少 |
| 集成光波导型 | 平面波导 | 容易 | 1~5 | 4~40 | ≤-25 | 6~11 | 插入损耗大 |

　　波分复用器件是 WDM 系统的重要组成部分，为了确保波分复用系统的性能，对波分复用器件提出了基本要求，主要有插入损耗小、隔离度大、带内平坦、带外插入损耗变化陡峭，温度稳定性好，复用通路数多，尺寸小等。在 WDM 系统中，目前常用的 16 通路和 32 通路合波器有集成光波导型和介质薄膜滤波器型，常用的 16 通路 WDM 系统分波器有光纤布拉格光栅型、介质薄膜滤波器型和集成光波导型。

　　**6. 光监控信道**

　　在 SDH 系统中，网管可以通过 SDH 帧结构中的开销字节（如 E1、E2、D1~D12 等）对网络中的设备进行管理和监控，无论是 TM、ADM 还是 REG。与 SDH 系统不同，在 DWDM 系统中，线路

1.3.5
DWDM 关键技术
——光电监控技术

放大设备只对业务信号进行光放大，业务信号只有光-光的过程，无业务信号的上下，所以必须增加一个信号对光放大器的运行状态进行监控。如果利用波长承载 SDH 的开销字节，那么利用哪一路 SDH 信号呢？况且如果 DWDM 中的信道所承载的业务不是 SDH 信号而是其他类型的业务时，怎么办？而且让管理和监控信息依赖于业务是不行的。所以必须单独使用一个信道来管理 DWDM 设备更方便。DWDM 系统可以增加一个波长信道只用于对系统的管理，这个信道就是光监控信道（OSC）。对于采用 EDFA 技术的光线路放大器，EDFA 的增益区为 1530~

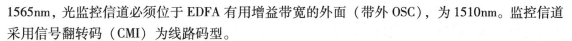

1565nm，光监控信道必须位于 EDFA 有用增益带宽的外面（带外 OSC），为 1510nm。监控信道采用信号翻转码（CMI）为线路码型。

DWDM 对光监控信道有以下要求：

1）光监控信道不限制光放大器的泵浦波长。

2）光监控信道不限制两个光线路放大器之间的距离。

3）光监控信道不限制未来在 1310nm 波长的业务。

4）线路放大器失效时光监控信道仍然可用。

根据以上要求有：

1）光监控信道的波长不能为 980nm、1480nm，因为 EDFA 使用以上波长的激光器作泵浦源，光纤拉曼放大器也使用 1480nm 附近波长的激光器作泵浦源。

2）光监控信道的波长不能为 1310nm，因为这样会占用 1310nm 窗口的带宽资源，妨碍 1310nm 窗口的业务。

光监控信道的接收灵敏度可以做得很高，则不会因为光监控信道的功率问题限制站点距离，具体是两个光放大器之间的距离。因此光监控信道需要采用低速率的光信号，保证较高的接收灵敏度。

3）光监控信道的波长在光放大器的增益带宽以外，则光放大器失效时光监控信道不会受影响。对于采用 EDFA 技术的光线路放大器，EDFA 的增益光谱区为 1528～1610nm，因此光监控通道波长必须位于 EDFA 的增益带宽之外。通常，光监控信道的波长可以为 1510nm 或 1625nm。

按照 ITU-T 的建议，DWDM 系统的光监控信道应该与主信道完全独立。在 OTM 站、发方向，监控信道在合波、放大后才接入监控信道；在收方向，监控信道首先被分离，然后系统才对主信道进行预放和分波。同样在 OLA 站点、发方向，最后才接入监控信道；在收方向，首先分离出监控信道。可以看出在整个传送过程中，监控信道没有参与放大，但在每一个站点，都被终结和再生了。这点恰好与主信道相反，主信道在整个过程中都参与了光功率的放大，而在整个线路上没有被终结和再生，波分设备只是为其提供了一个个透明的光通道。

### 1.3.6　习题

**一、填空题**

1. 根据放大器在系统中位置的不同，光纤放大器分为_____、_____、_____。

2. 光监控信道是为 WDM 的光传输系统的监控而设立的，根据 ITU-T 的建议，光监控信道的波长通常为_____。

3. G.652 光纤适合传送 2.5Gbit/s 波道速率的 DWDM 系统，要想传送 10Gbit/s 波道速率的 DWDM 系统，必须进行_____。

4. _____波分复用器件对温度更为敏感，_____波分复用器件的插入损耗较大。

5. 在 WDM 系统中，_____是光接收机实现光-电转换的关键器件。

**二、简答题**

1. 什么是 WDM、DWDM 及 CWDM？

2. 简述 WDM 系统的组成。

3. 如何理解 DWDM 系统特点中"透明"传输的含义？

## 任务 1.4  OTN 系统原理解读

**任务描述**

随着网络 IP 化进程的不断推进，传送网组网方式开始由点到点、环网向网状网发展，网络边缘趋向于传送网与业务网的融合，网络的垂直结构趋向于扁平化发展。在这种网络发展趋势下，传统的 WDM+SDH 的传送方式已逐渐暴露其不足，OTN 脱颖而出。

1.4.1
OTN 分层结构与接口

光传送网络（OTN），是由一组通过光纤链路连接在一起的光网元组成的网络，能够提供基于光通道的客户信号的传送、复用、路由、管理、监控及保护（可生存性）。

**任务目标**

- 熟知 OTN 概念、分层结构及接口。
- 能够掌握 OTN 复用映射结构及原理。
- 能够掌握 OTN 帧结构、各种开销字节及其应用。
- 能掌握 OTN 网络层次架构并做出区分。

拓展学习 OTN 的误码性能

### 1.4.1  OTN 分层结构与接口

OTN 层次结构及接口如图 1-54 所示。G.709 定义了两种光传送模块（OTM-n），一种是完全功能光传送模块（OTM-n.m），另一种是简化功能光传送模块（OTM-0.m，OTM-nr.m）。

全功能 OTM-n.m（n≥1）包括以下层：光传送段（OTSn）、光复用段（OMSn）、全功能光通道（OCh）、完全或功能标准化光通道传输单元（OTUk/OTUkV）、光通道数据单元（ODUk）。

简化功能 OTM-nr.m 和 OTM-0.m 包括以下层：光物理段（OPSn）、简化功能光通道

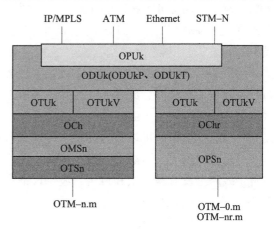

图 1-54  OTN 层次结构及接口

（OChr）、完全或功能标准化光通道传输单元（OTUk/OTUkV）、光通道数据单元（ODUk）。

OTM-n.m 定义了 OTN 透明域内接口，而 OTM-nr.m 定义了 OTN 透明域间接口。这里 m 表示接口所能支持的信号速率类型或组合，n 表示接口传送系统允许的最低速率信号时所能支持的最多光波长数目。当 n 为 0 时，OTM-nr.m 即演变为 OTM-0.m，这时物理接口只是单个无特定频率的光波。

OPUk、ODUk、OTUk、OCC、OMSn、OTSn 都是 G.709 协议中的数据适配器，可以理解成一种特定速率的帧结构，相当于 SDH 复用中的各种虚容器（VC12/VC3/VC4），从客户业务适配到光通道层（OCh），信号的处理都在电域内进行，包含业务负荷的映射复用、OTN 开销的插入，这部分信号处理处于时分复用（TDM）的范围。从光通道层（OCh）到光传输段（OTS），信号的处理在光域内进行，包含光信号的复用、放大及光监控通道（OOS/OSC）的加入，这部分信号处理处于波分复用（WDM）的范围。

在 WDM 传送系统中，输入信号是以电接口或光接口接入的客户业务，输出是具有 G.709 OTUk[V] 帧格式的 WDM 波长。OTUk 称为完全标准化的光通道传送单元，而 OTUkV 则是功能标准化的光通道传送单元。G.709 对 OTUk 的帧格式有明确的定义：

- OPU(Optical Channel Payload Unit)：光通道净荷单元，提供客户信号的映射功能。
- ODU(Optical Channel Data Unit)：光通道数据单元，提供客户信号的数字包封、OTN 的保护倒换、提供踪迹监测、通用通信处理等功能。
- OTU(Optical Channel Transport Unit)：光通道传输单元，提供 OTN 成帧、FEC 处理、通信处理等功能。波分设备中的发送 OTU 单板完成了信号从客户侧到光通道载波（Optical Channel Carrier, OCC）的变化，波分设备中的接收 OTU 单板完成了信号从 OCC 到客户侧的变化。

下面来看一下 OTM-n.m 与 OTM-nr.m 基本信息包含关系。

如图 1-55 所示，客户侧信号进入 Client，Client 对外的接口就是 DWDM 设备中 OTU 单板的客户侧，其完成了从客户侧光信号到电信号的转换。Client 加上 OPUk 的开销就变成了 OPUk；OPUk 加上 ODUk 的开销就变成了 ODUk；ODUk 加上 OTUk 的开销和 FEC 编码就变成了 OTUk；OTUk 映射到 OCh[r]，最后 OCh[r] 被调制到 OCC，OCC 完成了 OTUk 电信号到发送 OTU 的波分侧发送光口送出光信号的转换过程。

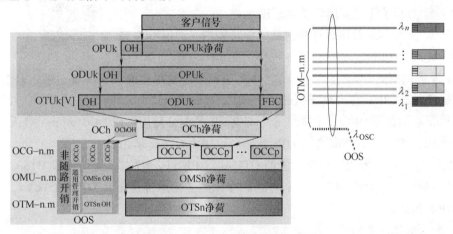

图 1-55　OTM-n.m 基本信息包含关系

OTM-n.m 由 $n$ 个复用的波长和支持非随路开销的 OTM 开销信号组成。$n$ 波波分传送通道为固定信道间隔，与信号速率无关。m 可为 1，2，3，4，12，23，34，123，234，1234，…。m 为 1、2、3 或 4 表示承载的信号分别为 OTU1、OTU2/OTU2V、OTU3 或 OTU4。例如，m=12 表示承载的信号部分为 OTU1，部分为 OTU2/OTU2V。

OTM-n.m 信号的物理光特征规格由厂商决定，建议不做规定。

OCh 开销、OMSn 开销和 OTSn 开销的光层单元的开销和通用管理信息共同构成了 OTM 开销信号（OTM Overhead Signal OOS），以非随路开销的形式由 1 路独立的光监控信道负责传送。

电层单元 OPUk、ODUk、OTUk 的开销为随路开销，和净荷一同传送。

OTM-nr.m 由 $n$ 个光通道复用组成，不支持非随路开销。OTM-nr.m 基本信息包含关系如图 1-56 所示。OTM-nr.m 和 OTM-n.m 的电层信号结构相同，光层信号方面则不支持非随路开销 OOS，没有光监控信道，因此被称为简化功能 OTM 接口。

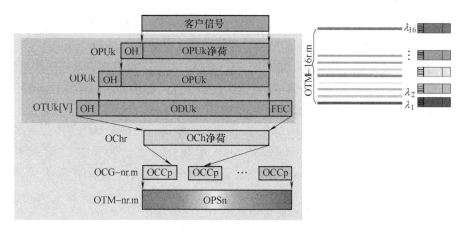

图 1-56　OTM-nr. m 基本信息包含关系

## 1.4.2　OTN 复用和映射

**1. OTN 光层复用和映射原理**

如图 1-57 显示了光层复用和映射原理。

1）OTUk 合入 OCh 开销后被映射到完整功能的光通道 OCh 或简化功能的光通道 OChr。

2）OCh 被调制到 OCC 上以后，$n$ 个 OCC 进行波分复用形成 OCG-n. m，合入 OMS 开销后，构成 OMSn 接口，OMSn 合入 OTS 开销后，构成 OTSn 单元。

3）OChr 被调制到 OCCr 上以后，$n$ 个 OCCr 进行波分复用形成 OCG-nr. m，合入 OMS 开销后，构成 OMSnr 接口，OMSnr 合入 OTS 开销后，构成 OTSnr 单元。

4）从图 1-55 可以看出：完整功能的 OTM-n. m（这里 n≥1）由光传输段 OTSn、光复用段 OMSn、完整功能的光通道 OCh、完全功能标准化的光通道传送单元 OTUk/OTUkV、光通道数据单元 ODUk 组成。

**2. OTN 电层复用原理**

（1）低于 1.25Gbit/s 信号的 OTN 电层复用及映射过程

低于 1.25Gbit/s 信号的 OTN 电层复用及映射过程如图 1-58 所示。具体如下所述。

1）低于 1.25Gbit/s 的客户侧信号作为 OPU 净荷，加上 OPU 开销后映射到低阶 OPU0。

2）OPU0 又作为 ODU 净荷加入 ODU0P、ODU0T 帧对齐开销及全"0"的 OTU 开销后组成低阶 ODU0。

3）完成前两步的映射后，下一个步骤是复用。因为没有对应级别的 OTUk 信号，所以只能继续复用到高阶的 OPUk，如图 1-58 所示，ODU0 信号有 5 条可选复用路径，每条路径都是先按照协议标定的数目，把多个 ODU0 信号时分复用至光通道数据支路单元组 ODTUGk，其中 k=1，2，…，5。由图 1-58 可知，2 个 ODU0 可复成 1 个 ODTUG1，8 个 ODU0 可复成 1 个 ODTUG2，32 个 ODU0 可复成 1 个 ODTUG3，80 个 ODU0 可复成 1 个 ODTUG4，320 个 ODU0 可复成 1 个 ODTUG5。

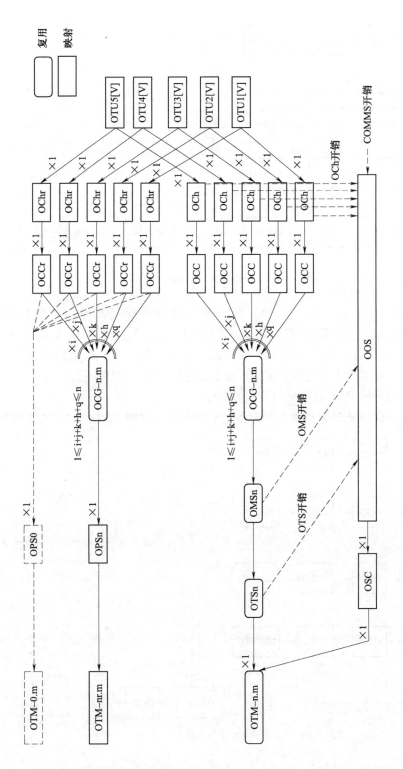

图 1-57  光层复用和映射

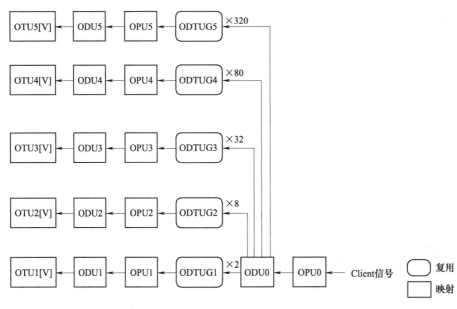

图 1-58 ODU0 的电层复用和映射过程

4）低阶的 ODTUGk（k = 1，2，…，5）可以作为净荷按照复用路线图复用至高阶的 OPUk（k = 1，2，…，5），然后形成高阶的 ODUk（k = 1，2，3，4）。低阶或者高阶的 ODUk（k = 1，2，…，5）合入 OTU 开销和 FEC 区域后，映射到完全标准化的光通道传送单元 k，OTUk（k = 1，2，…，5）或功能标准化的光通道传送单元 k，OTUk［V］。

（2）2.5Gbit/s 信号的 OTN 电层复用及映射过程

2.5Gbit/s 信号的 OTN 电层复用及映射过程与前面类似，如图 1-59 所示。具体如下所述。

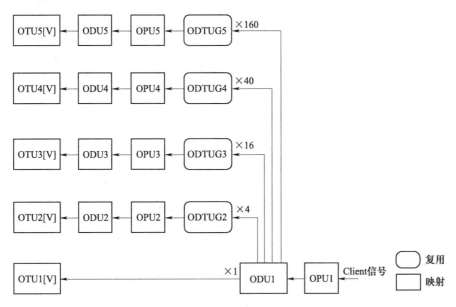

图 1-59 ODU1 的电层复用和映射过程

1）与 1.25Gbit/s 的信号相似，速率为 2.5Gbit/s 的客户侧信号作为 OPU 净荷，加上 OPU 开销后映射到低阶 OPU1。

2）OPU1 又作为 ODU 净荷加入 ODU1P、ODU1T 帧对齐开销及全 "0" 的 OTU 开销后组成低阶 ODU1。

3）由于信号从 ODU1 到 OTU1 不需要经过复用，因此 ODU1 信号直接作为 OTU1 的净荷，合入 OTU 开销和 FEC 区域后，映射到 OTU1[V] 中。

4）若需要得到更高速率的信号，则仍需要经过时分复用，不同数量的 ODU1 经过复用后，最终可得到高速率的 OTUk[V] 的信号，其中 k=2，3，4，5。由图 1-59 可知，4 个 ODU1 可复成 1 个 ODTUG2，16 个 ODU1 可复成 1 个 ODTUG3，40 个 ODU1 可复成 1 个 ODTUG4，160 个 ODU1 可复成 1 个 ODTUG5。

5）低阶的 ODTUGk（k=2，3，4，5）可以作为净荷按照复用路线图复用至高阶的 OPUk（k=2，3，4，5），然后形成高阶的 ODUk（k=2，3，4，5）。低阶或者高阶的 ODUk（k=2，3，4，5）合入 OTU 开销和 FEC 区域后，映射到完全标准化的光通道传送单元 k，OTUk（k=2，3，4，5）或功能标准化的光通道传送单元 k，OTUk[V]。

### 3. OTN 时分复用

1.4.2
OTN 复用和映射
——时分复用

低阶 ODUk 可以被当作高阶 ODUk 的客户侧信号，即低阶 ODUk 信号可以通过时分复用方式复用到高阶 ODUk 信号中。另外，时分复用也支持速率不同的几个低阶 ODUk 信号复用到同一个高阶的 ODUk 信号中。

目前定义了下面几种复用关系：

- k×ODU1 和（8-2k）×ODU0 同时复用到 1×ODU2（0≤k≤4）。
- j×ODU2、k×ODU1 和（32-2k-8j）×ODU0 同时复用到 1×ODU3（0≤j≤4，0≤k≤16-4j）。
- h×ODU3、j×ODU2、k×ODU1 和（80-2k-8j-32h）×ODU0 同时复用到 1×ODU4（0≤h≤2，0≤j≤10-5h，0≤k≤40-4j-20h）。
- p×ODU4、h×ODU3、j×ODU2、k×ODU1 和（320-2k-8j-32h-80p）×ODU0 同时复用到 1×ODU5（0≤p≤4，0≤h≤10-2.5p，0≤j≤40-4h-10p，0≤k≤160-4j-16h-40p）。

下面从帧结构的角度说明 4 个 ODU1 信号如何复用进 1 个 ODU2，如图 1-60 所示。

- 图 1-60 中右上部为 ODU1 帧，包括帧对齐开销和全零 OTUk 开销，ODU1 通过异步映射完成和 ODU2 信号的时钟同步的适配。
- 如图 1-60 中间的帧结构所示，适配后的 4 个 ODU1 通过字节间插的方式复用到 OPU2 的净荷区域，它们的调整控制和机会信号（JC、NJO）则被帧间插到 OPU2 开销区域中。
- 增加 ODU2 开销后，ODU2 被映射到 OTU2（或 OTU2V）中，增加 OTU2（或 OTU2V）开销、帧对齐开销、FEC 区域后，构成可以通过 OTM 传送的 OTU2 信号。

---

💡 **注意**

ODU1 和 ODU2 帧大小相同，都是 4 行×3824 列，其中净荷为 3808 列，那么 ODU2 的净荷部分即 OPU2 如何放下 4 个 ODU1 帧呢？ODU1 帧要跨越一个 ODU2 帧的帧边界，占到 3824/3808 个，即约 1.004 个 ODU2 帧。由于 ODU1 和 ODU2 的帧频率不同，ODU2 的帧频远大于 ODU1，因此 ODU1 复用进 ODU2 占到超过 1 个 ODU2 帧是可行的。

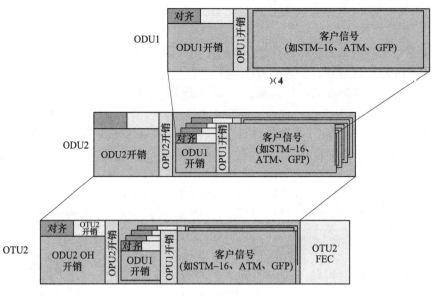

图 1-60　ODU1 到 ODU2 的复用

### 1.4.3　OTN 帧结构与开销字节

OTU 帧根据速率等级分为 OTU1、OTU2、OTU3…。OTUk（k =
1，2，…）帧由 OTUk 开销、ODUk 帧和 OTUk FEC 三部分组成，
共 4 行 4080 字节。OTN 信号帧结构如图 1-61 所示，OTUk 帧在发
送时按照先从左到右，再从上到下的顺序逐字节发送。

1.4.3
OTN 帧结构与开
销字节

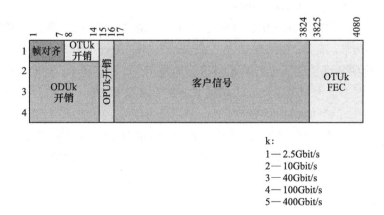

k:
1—2.5Gbit/s
2—10Gbit/s
3—40Gbit/s
4—100Gbit/s
5—400Gbit/s

图 1-61　OTN 信号帧结构

如图 1-61 所示，第 15～3824 列为 OPUk 单元，其中第 15 和 16 列为 OPUk 开销区域，第
17～3824 列为 OPUk 净荷区域，客户信号位于 OPUk 净荷区域。

而 ODUk 则为 4 行 3824 列的块状结构，由 ODUk 开销和 OPUk 组成，其中左下角第 2～4
行的第 1～14 列为 ODUk 开销区域，第 1 行的第 1～7 列为帧对齐开销区域，位于帧头，第 1 行
的第 8～14 列为全 0，为 OTUk 开销区域，帧的右侧第 3825～4080 共 256 列为 FEC 区域。

OTU1/2/3/4/5 所对应的客户信号速率分别为 2.5G/10G/40G/100G/400Gbit/s。各级别的 OTUk 的帧结构相同，级别越高，则帧频率和速率也越高。

OTUk 包含两层帧结构，分别为 ODU 和 OPU，它们之间的包含关系为 OTU>ODU>OPU，OPU 被完整包含在 ODU 层中，ODU 被完整包含在 OTU 层中。

OTUk 帧由 OTUk 开销、ODUk 帧和 OTUk FEC 三部分组成，ODUk 帧由 ODUk 开销、OPUk 帧组成，OPUk 帧由 OPUk 净荷和 OPUk 开销组成，从而形成了 OTUk-ODUk-OPUk 这三层帧结构。以下详细进行说明，OTN 电层开销如图 1-62 所示。

| | 1 | 2 | 3 | 4 | 5 | 6 | 7 | 8 | 9 | 10 | 11 | 12 | 13 | 14 | 15 | 16 |
|---|---|---|---|---|---|---|---|---|---|---|---|---|---|---|---|---|
| 1 | FAS | | | | | | MFAS | SM | | | GCC0 | | RES | | RES | JC |
| 2 | RES | | | TCM ACT | TCM6 | | | TCM5 | | | TCM4 | | | FTFL | RES | JC |
| 3 | TCM3 | | | TCM2 | | | TCM1 | | | PM | | | EXP | | RES | JC |
| 4 | GCC1 | | GCC2 | | APS/PCC | | | RES | | | | | | | PSI | NJO |

图 1-62　OTN 电层开销

帧对齐开销用于帧定位，由 6 字节的帧对齐信号开销 FAS 和 1 字节的复帧对齐信号开销 MFAS 构成。

OTUk 层开销用于支持一个或多个光通道连接的传送运行功能，由 3 字节的段监控开销 SM、2 字节的通用通信通道开销 GCC0 及 2 字节的保留开销 RES 构成，在 OTUk 信号组装和分解处被终结。

ODUk 层开销用于支持光通道的维护和运行，由 3 字节的用于端到端 ODUk 通道监控的开销 PM、各 3 字节的用于 6 级串行连接监视开销 TCM1～TCM6、1 字节的 TCM 激活/去激活协调协议控制通道开销 TCMACT、1 字节的故障类型和故障位置上报通道开销 FTFL、2 字节的实验通道字节 EXP、各 2 字节的通用通信通道开销 GCC1 和 GCC2、4 字节的自动保护倒换和保护通信控制通道开销 APS/PCC、6 字节的保留开销 RES 构成。ODUk 开销在 ODUk 组装和分解处被终结，TC 开销在对应的串行连接的源和宿处分别被加入和终结。

OPUk 开销用于支持客户信号适配，由 1 字节的净荷结构标识符开销 PSI、3 字节的调整控制开销 JC、1 字节的负调整机会字节开销 NJO、3 字节的保留开销 RES 构成，在 OPUk 组装和分解处被终结。

（1）帧对齐开销

帧定位信号（Frame Alignment Signal，FAS）共 6 字节，位置为（1，1）～（1，6）。字节定义为 f6h f6h f6h 28h 28h 28h，和 STM-1 的帧定位字节（A1、A2）一样，用来定义帧开头的标记。

复帧定位信号（Multi Frame Alignment Signal，MFAS）为 1 字节，位置为（1，7），用于复帧计数。256 个连续的 OTUk 帧组成 OTUk 复帧。

（2）OTUk 层开销

OTUk OH 由字节（1，8）～（1，14）共 7 字节组成，这部分又可分成 3 部分：SM、GCC0

和 RES。

RES 由（1，13）和（1，14）共 2 字节组成，为保留字节，现在规定为全 0。

GCC0 为 2 字节，位置为（1，11）和（1，12），是为两个 OTUk 终端之间进行通信而保留的。这 2 字节构成了两个 OTUk 终端之间进行通信的净通道，可用来传输任何用户自定义信息，G.709 标准中对这两字节的格式不做定义。

SM 为 3 字节，位置为（1，8）~（1，10），详细结构如图 1-63 所示。

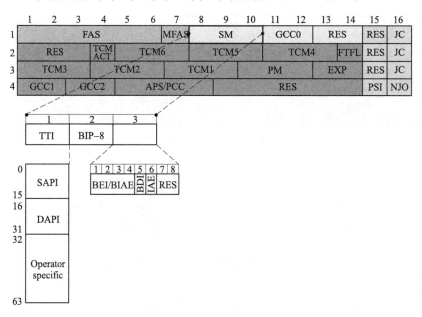

图 1-63　OTUk 段监控开销 SM

OTUk SM 开销包含的子项见表 1-9。

表 1-9　OTUk SM 开销包含的子项

| 子项 | 英文全称 | 中文释义 |
| --- | --- | --- |
| TTI | Trail Trace Identifier | 跟踪标记 |
| BIP-8 | Bit Interleaved Parity of depth 8 | 8 位位间插奇偶校验 |
| BDI | Backward Defect Indication | 后向失效指示 |
| BEI/BIAE | Backward Error Indication / Backward Incoming Alignment Error | 后向错误指示/后向接收对齐错误 |
| IAE | Incoming Alignment Error | 接收对齐错误 |
| RES | Bits Reserved for Future International Standardization | 保留 |

1）SM-TTI：TTI 在 SM 中占用 1 字节，位置为（1，8）。此字节被定义为传送 64 字节的标示信息。由于一个 OTUk 帧中只有 1 字节 SM-TTI，但 SM-TTI 实际上是一个 64 字节的数据结构，所以 TTI 信息需要将连续 64 帧中的 TTI 信息拼起来形成，这点和 SDH 中的 J0 字节的定义相似，实际上 TTI 和 J0 的意义也基本一致，只是 J0 用在 SDH 帧中，而 SM-TTI 用在 OTUk 帧中。

2）SM-BIP-8：BIP-8 在 SM 中占用 1 字节，位置为（1，9），用于偶校验，和 SDH 中 B1 字节的定义基本一致。SM-BIP-8 的计算方法为：对第 $i$ 个 OTUk 帧中的 OPUk 帧（第 15~3824

列，包括所有的 4 行）计算 BIP-8，然后将计算结果放入第 $i+2$ 个 OTUk 帧的 SM-BIP-8 字节中。

3）SM-BDI：BDI 在 SM 中只占用 1 位，位置为字节（1，10）的位 5。此位用来向上游传送反向失效指示信号，为"1"表示下游节点返回接收失效信息，为"0"表示下游节点接收正常。

SM-BDI 的发送和接收过程为：当前节点检测到 OTUk 帧处于失效状态（Defect）时，将向上游节点发送的 OTUk 帧中置 SM-BDI 为 1，用来通知上游节点本节点已经检测到失效。这个原理和 SDH 中反向发送 MS-RDI 的过程基本一致。

4）SM-BEI/BIAE：BEI/BIAE 在 SM 中占用 4 位，位置为字节（1，10）的位 1~4。此字段用来向上游节点传送当前节点接收到的 SM-BIP-8 误码个数，该过程类似于 SDH 中反向发送 MS-REI。此字段也被用来向上游节点传送接收对齐错误标示。当前节点在接收到的 OTUk 帧中检测到 SM-IAE（接收对齐错误）错误时，将把向上游节点发送的 OTUk 帧中的此字段置为 SM-BIAE 有效。

5）SM-IAE：IAE 在 SM 中只占用 1 位，位置为字节（1，10）的位 6。此位为"1"表示有 IAE 错误，为"0"表示无 IAE 错误。

6）SM-RES：RES 在 SM 中占用 2 位，位置为字节（1，10）的位 7 和位 8。此字段保留，目前规定为 00。

（3）ODUk 层开销

ODUk 的开销占用 OTUk 帧第 2~4 行的前 14 列。ODUk 开销主要由三部分组成，分别为路径监视（Path Monitoring，PM）、串接监视（Tandem Connection Monitoring，TCM）和其他开销。其中 PM 只有一组开销，而 TCM 有 6 组开销，分别为 TCM1~TCM6。PM 和 TCM 代表 ODUk 帧中不同的监测点。

ODUk PM 开销的位置位于第 3 行，字节（3，10）~（3，12），共 3 字节。ODUk 的 PM 开销结构和 OTUk SM 开销差不多，唯一不同的是 SM-IAE 加 SM-RES 的位置被 PM-STAT 所代替。ODUk PM 开销的结构定义如图 1-64 所示。

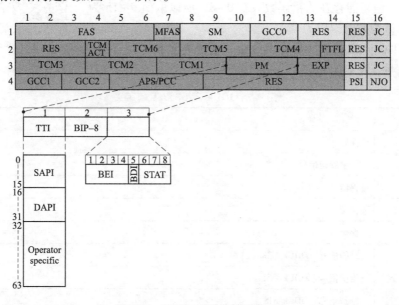

图 1-64　ODUk 通道监控开销 PM

ODUk PM 开销包含的子项见表 1-10。

表 1-10　ODUk PM 开销包含的子项

| 子项 | 英文全称 | 中文释义 |
|------|----------|----------|
| TTI | Trail Trace Identifier | 跟踪标记 |
| BIP-8 | Bit Interleaved Parity of depth 8 | 8 位位间插奇偶校验 |
| BDI | Backward Defect Indication | 后向失效指示 |
| BEI | Backward Error Indication | 后向错误指示 |
| STAT | Status Bits Indicating the Presence of a Maintenance Signal | 指示当前维护信号的状态位 |

1）PM-TTI：TTI 在 PM 中占用 1 字节，位置为（3，10）。此字段用于传送路径监测中的 TTI 信息，由连续 64 帧中的此开销组成 64 字节的信息，定义同 SM-TTI 完全一致。此 64 字节 TTI 信息在 OTUk 复帧中的对齐方式也和 SM-TTI 完全一致，第一字节分别对应于复帧 0、0x40、0x80 和 0xc0。

2）PM-BIP-8：BIP-8 在 PM 中占用 1 字节，位置为字节（3，11）。此字段为 BIP-8 校验信息，结构和定义基本同 SM-BIP-8，但用于路径监测中。PM-BIP-8 的计算范围为整个 OPUk 帧（第 15~3824 列），和 SM-BIP-8 相同，第 $i$ 帧的 BIP-8 校验结果放到第 $i+2$ 帧的 PM-BIP-8 开销位置上。

3）PM-BDI：BDI 在 PM 中只有 1 位，位置为字节（3，12）的位 5。定义和 SM-BDI 基本一致，用来向上游反向发送路径检测时遇到的失效信息，"1"表示有 ODUk 失效，"0"表示正常。

4）PM-BEI：BEI 在 PM 中共 4 位，位置为字节（3，12）的位 1~4。定义和 SM-BDI 基本一致（但没有 SM-BIAE），用来向上游反向发送本节点的 PM-BIP-8 的误码个数，误码范围为 0~8。需注意的是 SM-BEI 字段包含了两种信息 BEI 和 BIAE，因此全称是 SM-BEI/BIAE，但是 PM-BEI 没有 BIAE 信息。由于 PM-BEI 共有 4 位，但可能存在的错误数只有 0~8，所以取值 9~15 为非法值，应该认为此时误码为 0。

1.4.3
OTN 帧结构与开销字节——维护信号

5）PM-STAT：STAT 在 PM 中共 3 位，位置为字节（3，12）的位 6~8。此字段用来指示当前的维护信号，见表 1-11。

表 1-11　ODUk PM-STAT 的定义

| PM-STAT | 定　义 |
|---------|--------|
| 0 0 0 | 保留 |
| 0 0 1 | 正常通道信号 |
| 0 1 0 | 保留 |
| 0 1 1 | 保留 |
| 1 0 0 | 保留 |
| 1 0 1 | 维护信号：ODUk-LCK |
| 1 1 0 | 维护信号：ODUk-OCI |
| 1 1 1 | 维护信号：ODUk-AIS |

PM-STAT 用来指示当前 ODUk 帧处于哪种维护信号状态。当业务正常时取值为 001。

当处于维护信号状态时（ODUk-AIS、ODUk-OCI、ODUk-LCK），除 PM-STAT 开销以外的所有 PM 开销将会以一种特殊的格式出现（全 1、0110 0110 或 0101 0101 不断重复）。

6）ODUk 的 TCM 开销：为了便于监测 OTN 信号跨越多个光学网络时的传输性能，ODUk 的开销提供了多达 6 级的串联监控 TCM1-6。TCM1-6 字节类似于 PM 开销字节，用来监测每一级的踪迹字节（TTI）、负荷误码（BIP-8）、远端误码指示（BEI）、反向失效指示（BDI）及判断当前信号是否是维护信号（ODUk-AIS、ODUk-OCI、ODUk-LCK）等。

在 ODUk 帧中，TCM 开销共有 6 组，位于 ODUk 开销区域内，包括两部分，一部分在第二行中的字节（2，5）~（2，13），另一部分在第三行中的字节（3，1）~（3，9）。

TCM 用于检测 ODUk 的各种连接情况。TCM1~TCM6 的详细用途没有定义，用户可以自己决定使用几组 TCM 并决定各个 TCM 监控连接的详细位置。

这 6 个串联监控功能可以以堆叠或嵌套的方式实现，从而允许 ODU 连接在跨越多个光学网络或管理域时实现任意段的监控。图 1-65 给出了应用 3 级串联监控的例子。

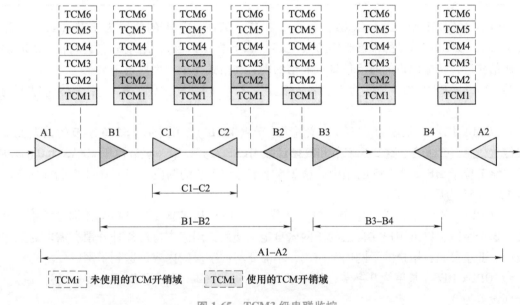

图 1-65 TCM3 级串联监控

OTN 串联监测的功能，可以做到：

1）UNI 到 UNI 的串联监测。可以监测经过公共传送网的 ODUk 连接的传输情况（从公共网络的入点到出点）。

2）NNI 到 NNI 的串联监测。可以监测经过一个网络运营商的网络的 ODUk 连接的传输情况（从这个网络运营商的网络的入点到出点）

3）基于串联监测所探测到的信号失效或信号裂化，可以在子网内部触发 1+1，1：1 或 1：n 等各种方式的光通道线性保护切换。

4）基于串联监测所探测到的信号失效或信号裂化，也可实现光通道共享保护环的保护切换。

5）运用串联监测功能可用来进行故障定位及业务质量（QoS）的确认。

小贴士

此处讲解了 3 个级别的监控开销，包括 SM、PM、TCM，但是监控的层级不同。这 3 个级别所负责的不同监控路径层次，保证了信息的层层监控，从外到内层层递进。在工作和学习中我们也要做到详细分工、互相配合，才能把事情做得更精细、更准确。

ODUk 中的其他开销见表 1-12。

表 1-12　ODUk 中的其他开销

| 子项 | 英文全称 | 中文释义 |
| --- | --- | --- |
| GCC1/GCC2 | General Communication Channel | 通用通信通道 |
| APS/PCC | Automatic Protection Switching / Protection Communication Channel | 自动保护倒换/保护通信通道 |
| FTFL | Fault Type and Fault Location Reporting Communication Channel | 错误类型和错误位置信息通信通道 |
| EXP | Experimental Overhead | 试验用开销 |
| RES | Reserved Overhead | 保留 |

1）ODUk-GCC1 和 ODUk-GCC2：各占 2 字节，OTUk-GCC1 的位置为字节（4，1）和字节（4，2），OTUk-GCC2 的位置为字节（4，3）和字节（4，4），用于节点之间在 ODUk 层的通用通信接口，传输用户的通信信息，通信的内容和格式完全由用户自定义。

2）ODUk-APS/PCC：长度为 4 字节，位置为字节（4，5）~（4，8），用于传递保护倒换信息。

3）ODUk-FTFL：长度为 1 字节，位置为字节（4，14），用来传送 256 字节的错误类型和错误位置信息（FTFL）。这 256 字节和复帧计数 MFAS 对齐，第一字节位于 MFAS 为 0 的帧中，最后一字节位于 MFAS 为 255 的帧中。这 256 字节分成等长的两段，字节 0~127 为前向 FTFL，字节 128~255 为后向 FTFL。

4）ODUk-EXP：长度为 2 字节，位于字节（3，13）和字节（3，14），详细格式和内容未定义。这个字段可以由用户在自己的子网内自定义使用，用来支持对额外开销有需求的某些特殊应用。此字段只在用户的子网内部使用，不需要将此字段的内容传送到子网以外。

5）ODUk-RES：长度为 9 字节，位于字节（2，1）~（2，3），字节（4，9）~（4，14），必须全部设置为 0。

（4）OPUk 层开销

OPUk 用来承载实际要传输的用户净荷信息，由净荷信息和开销组成。开销主要用来配合实现净荷信息在 OTN 帧中的传输，例如开销中有一部分是为了实现净荷速率和实际的 OPUk 速率的适配。实际上 OPUk 层的主要功能就是将用户净荷信息适配到 OPUk 的速率上，从而完成用户信息到 OPUk 帧的映射过程。

OPUk 层开销由 PSI、映射和级联信息组成，如图 1-66 所示。

PSI(Payload Structure Identifier，净荷结构指示) 长度为 1 字节，位置为字节（4，15）。此字节位于连续 256 个帧中，和 ODUk 的复帧 MFAS 对齐，

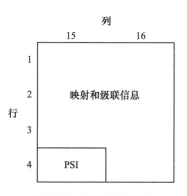

图 1-66　OPUk 层开销

MFAS = 0 时对应的 PSI 开销为 PSI[0]，MFAS = 255 时对应 PSI[255]。PSI[0] 定义为 PT(Payload Type，净荷类型)，PSI[1]~PSI[255] 用于表示映射和级联信息。

PSI[0] 即 PT 的定义见表 1-13。

表 1-13  PT 定义

| 8 位编码 | 十六进制码字 | 定　义 |
|---|---|---|
| 0000 0001 | 01 | 试验用映射方式[2] |
| 0000 0010 | 02 | 异步 CBR(固定比特速率) 映射 |
| 0000 0011 | 03 | 同步 CBR 映射 |
| 0000 0100 | 04 | ATM 映射 |
| 0000 0101 | 05 | GFP(通用成帧) 映射 |
| 0000 0110 | 06 | 虚级联信号 |
| 0001 0000 | 10 | 8 位字节复用位流 |
| 0001 0001 | 11 | 8 位非字节复用位流 |
| 0010 0000 | 20 | ODU 复用结构 |
| 0101 0101 | 55 | 不可用[1] |
| 0110 0110 | 66 | 不可用[1] |
| 1000xxxx | 80~8F | 保留为用户定义[3] |
| 1111 1101 | FD | NULL (全 0) 测试信号映射 |
| 1111 1110 | FE | PRBS (231-1 伪随机码) 测试信号映射 |
| 1111 1111 | FF | 不可用[1] |

注：表中未列出的 226 种编码保留为将来的国际标准使用。

[1] 这些编码已存在于 ODUk 维护信号中，PT 中不可用。

[2] 值"01"仅用于表中未定义的试验用映射方式。

[3] 这 16 种编码不用于将来的国际标准。

例如：STM-64 属于 CBR 业务，当 OTU10G 单板接入 STM-64 业务时，通常采用同步映射方式，故 PT 为 3。

映射和级联信息共 7 字节，位置在第 15 和 16 列 (PSI 开销除外)，如图 1-66 所示。另外 MFAS = 255 时的 PSI[1]~PSI[255] 也作为映射和级联信息保留。这些开销的定义和使用方式与应用的级联和映射方式有关。

## 1.4.4  OTN 组网及应用

OTN 路径包括电层路径和光层路径。电层业务路径包括 Client、ODUk、OTUk 路径；光层路径包括 OCh、OMS、OTS、OSC，其中 OSC 路径独立于业务之外。

每个层次的路径都对应特有的开销，通过处理源宿节点的 OTN 开销，实现对传送网络的 OTN 信号、网络运营商之间的连接信号进行监视，便于整个网络信号的管理、维护和故障定位。

OTS、OMS、OCh 路径的开销都使用光监控信道，对应 OTN 光层开销帧结构中不同层次的开销，光层开销在 FIU 板、MUX/DEMUX/OADM 板、OTU/线路板进行处理，产生不同层次的光层告警。

OTUk 路径使用帧结构中 OTUk 开销中 SM 段，此开销负责监视整个 OTUk 段状态，在 OTU/支路/线路板进行处理，产生相应的告警。

ODUk 路径使用帧结构中 ODUk 开销中 PM 段和 TCM 段，默认情况是 PM 段开销负责监控整个 ODUk 段状态，TCM 段监控可以设置，端到端监控 TCMx 段状态，在 OTU/支路/线路板进行处理，产生相应的告警。

OTN 路径如图 1-67 所示。

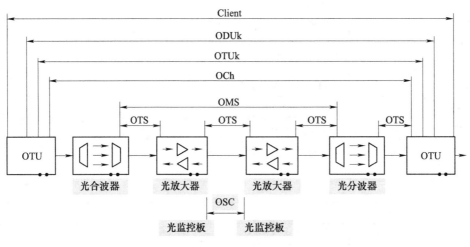

图 1-67　OTN 路径

OTS trail：光传送段路径，对应于物理光纤的连接，一根光纤（如站点之间的光缆）就是一个 OTS 路径，典型的例子就是站间两块 FIU（合分波板）或者 OA（光放大板）之间的光缆。

1.4.4
OTN 组网及应用——路径

OMS trail：光复用段路径，对应于一个合波信号的路径，即是存在波长汇聚解汇聚的单板之间，如合波器与分波器之间，也可以是 OADM 单板之间。

OCh trail：光通道层路径，OCh 路径是波长级别的路径，存在于 OTU 单板之间。典型的路径有同一业务两端 OTU 单板的波分侧光模块之间的路径。

OTUk trail：光传送单元路径，OTUk 的源端和宿端建立在 OTU 单板、支路板或线路板的内部逻辑端口上。

ODUk trail：光数据单元路径，ODUk 的源端和宿端建立在 OTU 单板、支路板或线路板的内部逻辑端口上。

Client trail：客户侧路径，是 WDM 中最终需要实现的路径，即从 OTU 单板或支路板的客户侧端口到另一个 OTU 单板或支路板的客户侧端口之间的路径。

OSC trail：光监控信道路径，OSC 路径有别于其他 6 种路径，与业务无关，只与监控信道相关，存在于监控信道板之间。

## 1.4.5　习题

### 一、填空题

1. OTN 是以_____技术为基础、在光层组织网络的传送网，主要应用在骨干传送网，2003 年左右开始正式商用。

2. 电层 ODU0 复用进 OTU2 需要复用进_____路 ODU0，复用进 OTU4 需要复用进_____路 ODU0。

3. 开销字节 FAS 的作用_____，长度为_____字节，位于第 1 行第_____列。

二、简单题

1. 什么是 OTN？它有哪些特点？

2. OTN 的电三层是哪三层？光三层又是哪三层？

3. 画出 ODU0 和 ODU1 的电层复用映射结构。

4. 写出 OUD0 到 ODU4 的各种简称速率。

5. 画出 ODUk 的帧结构，标出各组成部分的内容及行列。

6. 比较 SDH 与 OTN 的帧结构。分析 SDH 系统 STM-N 和 OTN 系统 ODUk，随着速率级别 N 和 K 的增加，SDH 和 OTN 是如何提高传输速率的。

7. 阐述 OTN 系统常见开销字节 FAS、SM、PM、TCMi 的使用原理。

# 项目 2　解析 OTN 设备架构及组网

华为作为全球光网络领域的领导者，创造了全球 OTN 产业，并引领全球 OTN 产业的发展。其 100G OTN 设备产品已经成功服务于国内三大运营商、英国电信、沃达丰、西班牙电信、意大利电信、俄罗斯电信等全球顶级电信运营商客户。华为旗下的光传输设备 OptiX OSN 1800、OptiX OSN 6800、OptiX OSN 8800 和 Optix OSN 9800 等已达到国际领先水平，该系列设备能够实现从接入层 CWDM 网络到大容量骨干层 DWDM 网络的端到端业务连接。本项目介绍华为 OptiX OSN 1800/8800/9800 设备传输性能，深入了解 OSN 1800 设备架构、设备安装、单板功能、网络组网及业务应用。

　项目目标

- 了解 OptiX OSN 1800/8800/9800 设备特点及传输性能。
- 理解 OTN 网络站点类型、硬件配置与信号流图。
- 掌握 OSN 1800 设备架构、单板功能及应用。
- 掌握 OTN 设备安装方法，安装技巧及注意事项。
- 掌握 OSN 1800 网络层次、系统架构与组网方式。
- 掌握 OTN 纤缆连接配置与 OCh 路径创建的方法与技巧。

　知识导引

项目2解析OTN设备架构及组网

安装OTN设备

- 华为 OptiX 1800/8800/9800 设备应用介绍
- OSN 1800 V 型设备架构
- OSN 1800 设备单板功能与应用
- 实训：华为 OptiX OSN1800 型设备安装

构建OSN 1800设备网络

- OSN 1800 网络层次、系统架构与组网方式
- OTN 站点类型、硬件配置与信号流图
- 实训 OTN 纤缆连接配置与 OCh 路径创建

**安装 OTN 设备**

**任务描述**

如图 2-1 所示，某电信运营商要在某地构建三个站点的环形 OTN。三个站点设备均采用华为 OSN 1800 设备。目前网络工程师已经完成了光纤网络的铺设，三个站点 OSN 1800 设备物流已经运输到位。接下来要求帮助传输工程师完成三个站点的 OSN 1800 设备安装、站点之间光纤硬件连接，以及站点内部硬件光纤连接。

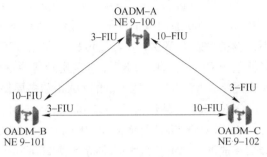

图 2-1　安装 OTN 设备任务描述

**任务目标**

- 能够知道 OptiX OSN 8800/9800 设备特点、传输性能及相关应用。
- 能够画出 OSN 1800 设备组成架构图，并熟练掌握各个槽位所插单板的特点。
- 能够熟知 OSN 1800 设备各个单板的功能及其相关应用。
- 能够完成 OSN 1800 设备的安装及光纤的连接。

### 2.1.1　华为 OptiX 1800/8800/9800 设备应用介绍

**1. 华为 OTN 设备外观及特点**

图 2-2 所示为华为 OSN 1800/8800/9800 三种 OTN 设备外观，其中 OSN 1800 为盒式设备，OSN 8800 和 OSN 9800 为框式设备。

2.1.1
华为OptiX 1800/
8800/9800设备
应用介绍

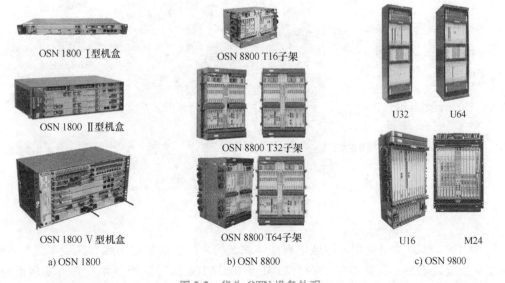

OSN 1800 Ⅰ型机盒

OSN 1800 Ⅱ型机盒

OSN 1800 Ⅴ型机盒

a) OSN 1800

OSN 8800 T16子架

OSN 8800 T32子架

OSN 8800 T64子架

b) OSN 8800

U32　　U64

U16　　M24

c) OSN 9800

图 2-2　华为 OTN 设备外观

OSN 1800 系列设备被称为边缘 OTN 设备，该设备以机盒为基本工作单位，包括 OSN 1800 I 型盒式设备、OSN 1800 Ⅱ 型设备和 OSN 1800 Ⅴ 型设备，通过多机盒堆叠可实现多业务接入的扩展。OSN 1800 系列设备定位于城域边缘层网络，支持接入 1.5Mbit/s~100Gbit/s 的绝大多数业务的承载。

OSN 8800 设备具有 Tbit/s 级别的交叉能力，包括 OSN 8800 T16 子架、T32 子架、T64 子架及 OSN 8800 通用型平台子架，该类型设备都采用了统一的软硬件平台，可以实现单板的共用，设备集成了 WDM 大容量传输，单波 10Gbit/s、40Gbit/s、100Gbit/s 双波平面交叉能力，能够基于 ODUk、VC、PKT（包交换）等灵活的 Tbit/s 电层调度。具有光子集成 PID、自动交换光网络（ASON）智能丰富的 OAM 和多层保护等众多 OTN 特性。

OSN 9800 产品包括 OSN 9800 U16、U24、U32、U64、P16 及 OSN 9800 通用型平台子架等。OptiX OSN 9800 是面向超 200Gbit/s、400Gbit/s 时代的新一代大容量 OTN 产品，具有业界最高集成度，单槽位最大可支持 5 路 200Gbit/s 相干线路光口，未来可向 1T+演进。产品可接入以太、OTN、SDH、存储、视频等多种类型业务，可为广电、ISP 等客户构建超宽、灵活、弹性、智能的 OTN/WDM 传送解决方案。

**2. 网络地位**

传输网层次结构如图 2-3 所示。根据业务接入容量和业务调度颗粒的不同，OTN 被分为接入层、汇聚层和骨干层，根据波分设备的特性和交叉调度能力的不同，不同的网络设备可应用于不同的网络层次。

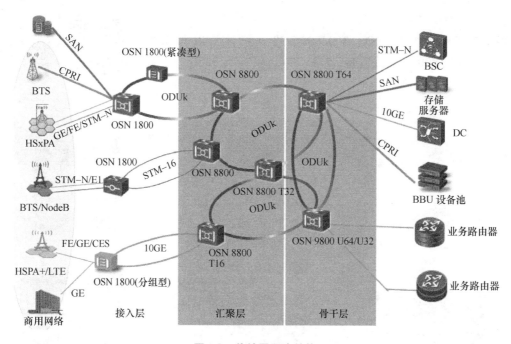

图 2-3 传输网层次结构

OptiX OSN 1800 主要应用于城域汇聚层、城域接入层、短长途干线、区域干线、本地网、城域汇聚层或核心层，具备 40λ、80λDWDM 及 8λCWDM 两种系统规格，并可实现混合接入功能。

OptiX OSN 8800 主要应用于国家干线、区域省级干线和部分城域核心站点。

OptiX OSN 9800 主要应用于骨干核心层和城域核心层，OSN 9800 可以和 OSN 8800、OSN 1800 组建完整的 OTN 端到端网络，从而实现统一管理。

### 3. 设备传输能力及规格

（1）OptiX OSN 1800 机盒

OSN1800 Ⅰ型机盒、Ⅱ型机盒的紧凑型只支持 OTN 平面，Ⅱ型机盒的分组型机盒和Ⅴ型机盒支持 OTN、分组、SDH 三个平面，与现有波分设备一起使用实现业务的扩展。只有Ⅰ型和Ⅱ型的紧凑型机盒支持 xPON 的传送。在只有 OSN 1800 设备组成的网络中，最大支持 40λDWDM 系统。在 OSN 1800 和 OSN 8800 组成的混合网络中，使用 OBU 单板的情况下，支持 40λDWDM 系统。

（2）OptiX OSN 8800 T32 和 T64 子架

OptiX OSN 8800 T32 子架和 T64 子架有两种类型：增强型子架和通用型子架，这两种子架除了交叉容量不同，外观和技术指标都相同。增强型 T64 子架支持 6.4Tbit/s ODUk（k=0，1，2，2e，3，4，flex）业务交叉，通用型 T64 子架支持 2.56Tbit/s ODUk（k=0，1，2，2e，3，4，flex）业务交叉。增强型 T32 子架支持 3.2Tbit/s ODUk（k=0，1，2，2e，3，4，flex）业务交叉，通用型 T64 子架支持 2.56Tbit/s ODUk（k=0，1，2，2e，3，4，flex）业务交叉，T16 子架支持 640Gbit/s ODUk（k=0，1，2，2e，3，flex）业务交叉。

（3）OptiX OSN 9800 U64 子架

OSN 9800 U64 子架支持调度 ODUk（k=0，1，2，2e，3，4，flex）业务，IU1~IU64 槽位具有相同的交叉调度能力，单槽位最大交叉容量为 400Gbit/s，单子架最大交叉容量为 25.6Tbit/s。OSN 9800 U32 子架支持调度 ODUk（k=0，1，2，2e，3，4，flex）业务及 Packets 业务，IU1~IU32 槽位具有相同的交叉调度能力，单槽位最大交叉容量为 400Gbit/s，单子架最大交叉容量为 12.8Tbit/s。分组单板的分组业务调度能力、子架最大的分组业务调度能力为 3.2Tbit/s，子架单槽位最大的分组业务调度能力为 100Gbit/s。

各设备的参数对比见表 2-1。

表 2-1　各设备参数对比

| 参数 | OptiX OSN 1800 机盒 | OptiX OSN 8800 T32 和 T64 子架 | OptiX OSN 9800 U64 子架 |
|---|---|---|---|
| 电层规格 | ① OSN 1800 Ⅱ型机盒的交叉颗粒度和容量<br>紧凑型：80Gbit/sODUk/GE<br>分组型：80Gbit/sODUk 和 60Gbit/s Packets<br>② OSN 1800Ⅴ型机盒的交叉颗粒度和容量<br>　　800Gbit/sODUk（k=0、1、2、2e、flex）和 800Gbit/s Packet | 集中交叉颗粒度：ODU0/ODU1/ODU2/ODU2e/ODU3/ODU4/ODUflex。<br>集中交叉容量：6.4T/3.2T/2.56T/1.28T | 集中交叉颗粒度：ODU0/ODU1/ODU2/ODU2e/ODU3/ODU4/ODUflex<br>集中交叉容量：25.6T/12.8T/5.6T/2.4T |

（续）

| 参数 | OptiX OSN 1800 机盒 | OptiX OSN 8800 T32 和 T64 子架 | OptiX OSN 9800 U64 子架 |
|---|---|---|---|
| 设备级和网络级保护 | 硬件：AC /DC 1 + 1、UXCL/UXC 1+1<br><br>光层：光线路保护、客户侧 1+1 保护、板内 1+1 保护<br><br>电层：ODUk SNCP、SNCP、MSTP、ERPS、Tunnel APS | 硬件：主控板/交叉板/电源板 1+1 热备份<br><br>光层：光线路保护、板内 1+1 保护、客户侧 1+1 保护<br><br>电层：ODUk SNCP、ODUK SPRing、SW SNCP、支路 SNCP<br><br>ASON：光、电 ASON 保护和恢复机制 | 硬件：主控板/交叉板/电源板/时钟板 1+1 热备份<br><br>光层：光线路保护、板内 1+1 保护、客户侧 1+1 保护<br><br>电层：ODUk SNCP、支路 SNCP、LPT<br><br>ASON：电 ASON 保护和恢复机制 |
| 机械规格 | 机盒尺寸：442mm(W)×220mm(D)×44mm(H)OSN 1800I<br><br>442mm(W)×220mm(D)×88mm(H)OSN 1800II<br><br>442mm(W)×220mm(D)×221mm(H)OSN 1800V<br><br>典型功耗：1600W(DC)/800W(AC)OSN 1800 V<br><br>工作电压：DC-48V/-60V，AC100V~240V | 子架尺寸：498mm(W)×580mm(D)×900mm(H)T64<br><br>498mm(W)×295mm(D)×900mm(H)T32<br><br>498mm(W)×295mm(D)×450mm(H)T16<br><br>497mm(W)×295mm(D)×400mm(H)平台<br><br>442mm(W)×291mm(D)×397mm(H)通用平台<br><br>工作电压：DC-48V/-60V | 子架尺寸：600mm(W)×600mm(D)×2200mm(H)U64 为框柜一体子架<br><br>498mm(W)×295mm(D)×1900mm(H)U32<br><br>497mm(W)×295mm(D)×847mm(H)U16<br><br>442mm(W)×295mm(D)×747.2mm(H)M24<br><br>工作电压：DC-48V/-60V |

## 2.1.2　OSN 1800 V 型设备架构

### 1. 机盒结构

华为 OSN 1800 V 型设备外观如图 2-4 所示。机盒外形尺寸为
442mm(W)×224mm(D)×221mm(H)，空机盒带背板重量为 8kg。
OSN 1800 V 型设备为 5U 增强型机盒，采用合式设计，集成度高。

2.1.2
OSN 1800V型设备架构

其设备支持直流机盒和交流机盒，直流机盒采用直流电源板 PIU，交流机盒采用交流 APIU 电源板。

a) 直流机盒　　　　　　　　　　　b) 交流机盒

图 2-4　华为 OSN 1800 V 型设备外观

### 2. 槽位架构

华为 OSN 1800 V 型设备共有 20 个槽位，如图 2-5 所示，槽位 1~14 可插 OTU/OAM/OBU/

合分波板/OLP（光纤自动切换保护板）/分组单板/支路板/线路板/统一线路板/TDM 单板和辅助单板。槽位 15 和 16 固定安装 UXCM 单板（主控交叉时钟板）。直流机盒槽位 17、18 插入直流电源板 PIU，槽位 19 可插入光波长转换类单板、光分插复用类单板、光放大类单板、合分波类单板、光保护类单板和辅助单板，该槽位不能安装分组处理类单板、支路和线路类单板，并且没有交叉业务总线。交流机盒槽位 17、18 合为一个交流电源板槽位，交流机盒交流电源板 APIU 固定插入槽位 17、19。OSN 1800 V 型设备槽位 20 固定安装风扇单板 FAN，其包含 4 个独立风扇为机盒提供散热功能。

a) 直流机盒槽位分布　　　　　　　　　　　b) 交流机盒槽位分布

图 2-5　OSN 1800 V 型设备槽位架构

---

### 小贴士

OSN 1800 V 型设备机盒的槽位采用横插板结构，所有类型单板均在机盒正面插拔，这里需要特别注意养成良好的职业习惯和职业规范，任何时候接触单板都要佩戴防静电手环，不能用手直接接触印制电路板，也不能将单板放置在地面或者其他物体上，应放在防静电的电容器中，这一点需要牢记，施工操作细节将决定工程项目的质量，细节决定成败。

---

**3. 设备容量**

OptiX OSN 设备具有较大的业务接入容量，能够实现电层信号业务汇聚节点调度，增强网络的灵活性。OSN 1800 V 型机盒采用 MS-OTN 统一交换，单子架支持最大 800Gbit/s OTN 容量、800Gbit/s 分组容量业务交叉调度与传输，支持 40Gbit/s SDH 高阶和 5Gbit/s SDH 低阶传输容量。其子架各槽位容量如图 2-6 所示。

| IU20 (FAN) | IU7 | 50Gbit/s | | IU14 | 50Gbit/s |
|---|---|---|---|---|---|
| | IU6 | 50Gbit/s | | IU13 | 50Gbit/s |
| | IU5 | 50Gbit/s | | IU12 | 50Gbit/s |
| | IU4 | 50Gbit/s | | IU11 | 50Gbit/s |
| | IU16 (交叉主控时钟合一单板) | | | 50Gbit/s | |
| | IU15 (交叉主控时钟合一单板) | | | 50Gbit/s | |
| | IU3 | 50Gbit/s | | IU10 | 50Gbit/s |
| | IU2 | 50Gbit/s | | IU9 | 50Gbit/s |
| | IU17(APIU) | | | IU19(APIU) | |

图 2-6　OSN 1800 V 型机盒各槽位容量

### 2.1.3 OSN 1800 设备单板功能与应用

华为 OTN 设备承载的业务从接入层到汇聚层、骨干层，涵盖了通信节点的所有业务，因此其单板的种类和数量较多，在这里以下单板为例进行介绍，未介绍单板可以查阅华为 OTN 设备相关资料进行深入了解。

2.1.3
OSN 1800设备
单板功能与应用
（一）

**1. 支线路单板命名规则**

华为 OTN 设备支持支路板和线路板分离设计，支线路单板和集中交叉板配合使用可以完成 OTU 单板的功能，这里主要介绍支线路单板，OTU 单板不做详细介绍。支路板主要用于实现客户侧业务在本站上/下波分侧，线路板主要用于配合支路板完成本站客户侧业务上/下波分侧及配合 OTN 线路板完成波分侧业务的本站穿通。

图 2-7 所示为 OTN 线路单板名称命名规则，其命名规则包括三部分内容。第一部分"N"表示 OTN 线路处理单元；第二部分常见的字母缩写有"S、D、Q、O"，其含义如图 2-7 所示；第三部分一般用数字"2、3、4"表示，代表单波传输速率。

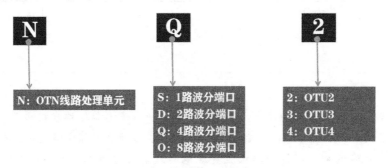

图 2-7 OTN 线路单板名称命名规则

图 2-8 所示为 OTN 支路单板名称命名规则，命名规则也包括三部分内容。第一部分"T"表示 OTN 客户侧支路接入单元；第二部分常见的字母缩写有 S、D、Q、O、T、H，其含义如图 2-8 所示；第三部字母缩写有"G、X、XL、M、A"，代表单路接入速率。

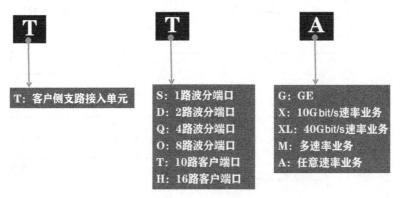

图 2-8 OTN 支路单板名称命名规则

**2. 支线路单板功能**

支线路单板功能见表 2-2，支路单板 TOA 实现 8 路任意速率业务处理，最大接入能力为

20Gbit/s，客户侧支持 eSFP 模块，该单板还支持 ESC/OTN/FEC 及 10GE-LAN 业务的链路穿通功能。

表 2-2　支线路板功能

| 分　类 | 单板名称 | 功　　能 |
|---|---|---|
| OTN 支路单板 | TOA | 8 路任意速率业务支路处理板 |
| OTN 支路单板 | TTA | 10 路任意速率业务支路处理板 |
| OTN 支路单板 | TDX | 2 路 10Gbit/s 支路业务处理板 |
| OTN 支路单板 | TQX | 4 路 10Gbit/s 支路业务处理板 |
| OTN 支路单板 | TSC | 100Gbit/s 支路业务处理板 |
| OTN 线路单板 | ND2 | 2 路 10Gbit/s 线路业务处理板 |
| OTN 线路单板 | NS4 | 100Gbit/s 线路业务处理板 |
| OTN 线路单板 | NQ2 | 4 路 10Gbit/s 线路业务处理板 |

TTA 单板端口可工作于 ODU0 至 ODUflex 的非汇聚模式，ODU1_ODUO 模式及 ODUI 汇聚模式。该单板总带宽为 40Gbit/s，支持 20 路 ODU0、10 路 ODU1/ODUflex、4 路 ODU2/ODU2e 信号通过背核线与交叉板实现业务的交叉调度。

支路板 TQX 可以实现 4 路 8~10Gbit/s 光信号与 4 路 ODU2/ODU2e/ODUflex 电信号之间的相互转换，客户侧支持 XFP 模块，该单板还支持 ESC（电监控）/OTN/FEC 及客户侧内外环回和 ALS（接入非 OTN 业务）等功能。

支路板 TSC 实现一路 100GE/OTU4 业务光信号与 ODU4/ODUflex 电信号之间的相互转换，该单板还支持 ESC/OTN/FEC 及客户侧内外环回和 ALS 功能。

ND2 线路板能够实现 16×ODU0/8×ODU1/2×ODU2 与 2×OTU2 信号及 2×ODU2e 与 2×OTU2e 信号之间的相互转换，支持 ODU0、ODU1、ODUflex、ODU2 和 ODU2e 的混合传送，波分侧支持 OTU2/OTU2e 光接口。

线路板 NQ2 称为 4 路 10G 线路业务处理板，支持 ESC/PRBS（伪随机码）/OTN/FEC，E-line/E-LAN 业务，支持波分侧系统侧通道环回。

3. 其余单板功能

（1）主控交叉时钟合一单板

主控交叉时钟合一单板固定安插在 15、16 号槽位，主要有表 2-3 所示 7 种类型，这里主要以 UXCM 单板为例进行介绍。

2.1.3
OSN 1800设备
单板功能与应用
（二）

表 2-3　主控交叉时钟合一单板主要种类及功能

| 名称 | 功　　能 |
|---|---|
| UXCM | 主控交叉时钟合一板 |
| UXCME | 支持 20Gbit/s 低阶交叉的主控交叉时钟合一板 |
| UXCMS | 支持 40Gbit/s 低阶交叉的主控交叉时钟合一板 |
| XCH | OTN 主控交叉时钟合一板 |
| CTL | OADM 控制板 |
| SCC | 带光监控信道的系统控制与通信板 |
| UXCL | 通用交叉及主控时钟处理板 |

UXCM 单板特点为：支持网元数据备份；支持通过 IPover DCC 或 HWECC 方式实现各个网元之间的互联通信；能够实现 700Gbit/s 的 ODUk 无阻塞全交叉，支持容量为 280Gbit/s 的 VC4 的交叉调度，5Gbit/s 的 VC12/VC3 的交叉调度；能够完成子架内业务调度；支持容量为 560Cbit/o 分组业务的交换；系统控制与通信单元支持 1+1 热备份和温备份保护；支持非恢复式的人工倒换和自动倒换，交叉连接单元支持 1+1 热备份；支持环形复用段保护/线性复用段保护；具备配置管理和各种告警的输出。

（2）OADM 类单板

OADM 类单板即光分插复用类单板，其各种类型及功能见表 2-4。这里主要介绍 EMR2/EMR4/EMR8。

表 2-4　OADM 单板类型及功能

| 单板类型 | 名称 | 功能 |
|---|---|---|
| OADM | DMD1(S)/DMD2(S) | 双向单路(带监控信道)/双路(带监控信道)光分插复用板 |
| | EMR2/EMR4/EMR8 | 增强型双路/4 路/8 路光分插复用板 |
| | MB1 | 单路带通光分插复用板 |
| | MD8/MD8S | 8 路光分合波板/带监控信道 8 路光分合波板 |
| | MD8M/MD16M | 带 MON 口的 8 路/16 路合波分复用板 |
| | MR1(S)/MR2(S)/MR4(S)/MR8 | 单路(带监控信道)/双路(带监控信道)/4 路(带监控信道)/8 路光分插复用板 |
| | SBM1/SBM2/SBM4/SBM8 | 单纤双向单路/双路/4 路/8 路光分插复用板 |

EMR2/EMR4/EMR8 单板主要从合波信号中上/下 2/4/8 个波长光信号，具有级联光口，可以级联其他 OADM 单板，合波输出口支持 PIN 光功率检测，支持自动光功率检测。

（3）OM/OD 类单板

OM/OD 类单板即合/分波类单板，其各种类型及功能见表 2-5。

表 2-5　OM/OD 单板类型及功能

| 单板类型 | 名称 | 功能 |
|---|---|---|
| OM/OD | FIU | 可扩展监控信道光纤接口板，实现一个传输方向上的主信道信号与监控信号的合波和分波，支持 1310nm 和 1611nm 波长 |
| | DFIU | 光纤线路接口板，实现两个方向上的主光通道与光监控信道的合波和分波，支持 DWDM 技术规格，支持 1511nm 波长 |
| | DSFIU | 支持同步信息传送的东西双向光线路接口板 |
| | X40 | 40λ 合分波板，支持 DWDM 技术规格，提供在线监测光口，可以由该光口接入光谱分析仪，在不中断业务的情况下，监测主信道的光谱。主要应用于 40 路光信号的分波或合波（双纤双向）和 18 路光信号的分合波（单纤双向） |
| | EX40 | 增强型 40λ 合分波板 |
| | ITL | 梳状滤波器，支持奇数和偶数波，实现 50GHz 间隔与 100GHz 间隔信号的复用和解复用。提供在线监测光口，可以从该光口输出少量光信号至光谱分析仪或光谱分析仪板，在不间断业务的情况下，监测合波光信号的光谱和光性能。支持对合波或分波进行输入或输出光功率检测等 |

（4）光放大类单板

光放大类单板主要名称及功能见表 2-6，这里主要介绍 OBU 单板，OBU 单板为光功率放大板，该单板可同时放大 C 波段 80 个通道（通道间隔为 50GHz）的光信号，支持光功率自动调测，噪声系数小，标称增益为 23dB。

表 2-6　光放大类单板主要名称及功能

| 名称 | 功　能 |
| --- | --- |
| OBU | 光功率放大板 |
| OPU | 光前置放大板 |
| BAS1 | 带监控信道的发送、接收合一光放大单元 |
| DAP | C 波段双路可插拔光放基板 |

（5）光监控类单板

光监控类单板主要名称及功能见表 2-7。光监控单板 ST2 能够完成 2 路光监控信道信号的收、发控制与处理，支持 IEEE 1588v2 的收、发控制与处理，支持 2 路 FE 电信号透传，支持最大 40.5dB 跨段传输。AST2 单板功能与 ST2 基本相同，区别在于该单板支持最大 37.5dB 跨段传输。

表 2-7　光监控类单板主要名称及功能

| 名称 | 功　能 |
| --- | --- |
| ST2 | 2 路光监控信道和时钟传送板 |
| AST2 | 2 路光监控信道和时钟传送板 |
| AST4 | 4 路光监控信道和时钟传送板 |

光保护类单板、PID 类单板、辅助单板及光谱分析类单板这里不一一介绍，读者可以查阅华为设备技术资料进行学习。

### 2.1.4　实训：华为 OptiX OSN 1800 V 型设备安装

**1. 机房环境**

机房环境需要关注的方面包括以下内容：

1）机房内严禁存放易燃、易爆等危险物品。

2）孔洞位置、尺寸应满足设计要求。

3）孔洞封堵必须采用不低于楼板耐火等级的不燃烧材料。

4）机房楼面等效均布活荷载、室内温度、机房照明、防尘、防静电和防鼠应满足 YD 5003—2014《通信建筑工程设计规范》的相关规定。

**2. 华为 OSN 1800 V 型设备安装操作**

华为 OSN 1800 V 型设备外观如图 2-4 所示，机盒外形尺寸为 442mm（W）×224mm（D）×221mm（H）。该设备为盒式设备，需固定安装在华为 N63B 机柜 2200mm×600mm×300mm 内，参数符合 ETSI 标准适用于安装 OSN 1800 设备，其设备机柜如图 2-9 所示。

N63B 机柜的安装这里不做介绍，仅介绍 OSN 1800 V 型盒式设备安装到 N63B 机柜的操作方法，具体的安装操作步骤如下。

（1）确定机盒安装位置

图 2-9　安装 OSN 1800 V 型盒式设备机柜

如图 2-10 所示，按照站点机柜配置图确定待安装的 OSN 1800 V 型机盒的安装孔位，并按照机盒从下至上的顺序进行安装。

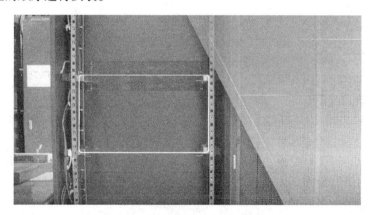

图 2-10　确定机盒安装位置

（2）安装浮动螺母

浮动螺母为固定机盒的 M6 螺钉提供螺钉孔。正确有效地安装浮动螺母可以提高设备安装的整体效率，也可以使设备更加牢靠地固定在机柜上，其安装过程如图 2-11 所示。将浮动螺母条带穿过安装槽孔，然后用力拉拽条带将浮动螺母紧扣在槽孔上边即可。

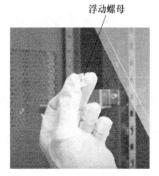
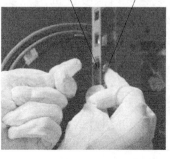
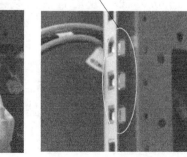

图 2-11　安装浮动螺母

（3）安装机盒挂耳

OSN 1800 V 型机盒、挂耳、安装工具及辅助材料如图 2-12 所示。

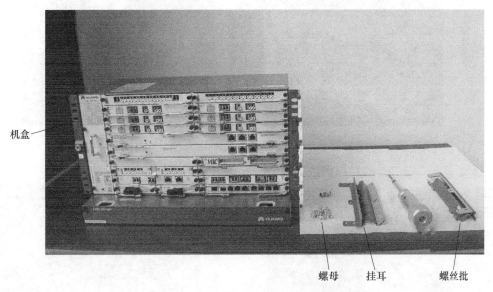

图 2-12    机盒、挂耳、安装工具及辅助材料

1）挂耳的安装操作方法：首先正确连接好 ETSI 转接挂耳，如图 2-13 所示，依据安装手册，用螺丝批和螺母将 ETSI 转接件和挂耳进行牢固连接安装。

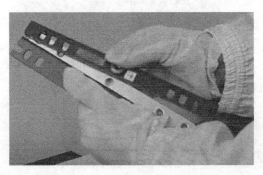

图 2-13    ETSI 转接件和挂耳进行牢固连接安装

2）将连接好的挂耳安装到机盒的中立柱安装孔位处，其位置在设备的左右两侧，如图 2-14 所示。依据安装手册将连接好的挂耳与设备左右两侧机盒的中立柱安装孔位对准并用螺钉和螺母将挂耳和设备机盒进行牢固安装。

3）将已布放在机柜侧面的保护地线及电源线缆拉出，如图 2-15 所示，准备接线。

（4）安装 OSN 1800 V 型机盒在 ETSI 机柜（N63B）

1）拧下机盒上连接保护地线的螺钉，如图 2-16 所示。

2）将机盒托举至机柜滑道上，拧上螺钉，固定好保护地线，如图 2-17 所示。固定好保护地线后，沿机柜滑道将机盒平滑地推入机柜，如图 2-18 所示。

\ \ \ \ \ 光传送网络（OTN）运行与维护

中立柱安装孔位

将挂耳安装到机盒的中立柱安装孔位处

图 2-14　挂耳和设备机盒进行牢固安装

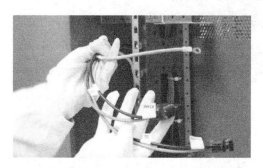

图 2-15　拉出机柜侧面的保护地线及电源线缆

图 2-16　拧下机盒上连接保护地线的螺钉

图 2-17　固定保护地线

沿机柜滑道将机盒平滑地推入机柜

图 2-18　沿机柜滑道将机盒平滑地推入机柜

　　3）依据安装手册安装机盒两侧挂耳的 4 个固定螺钉，如图 2-19 所示，将机盒和机柜进行固定安装。

　　（5）安装 DCM 插框

　　DCM（色散补偿模块）插框安装在机柜的底部位置，将 DCM 插框水平放入机柜底部，然后安装插框两侧两个固定螺钉，就完成了 DCM 插框的安装，如图 2-20 所示。

图 2-19　安装机盒两侧挂耳的 4 个固定螺钉

图 2-20　DCM 插框安装位置与螺钉固定

（6）安装电源电缆

将已布放在机柜侧面的电源线拉至 PIU 单板电源接口处，平滑插入电源接口，其安装方法如图 2-21 所示。

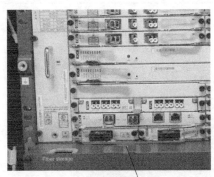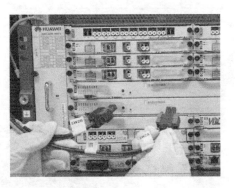

电源电缆接口

图 2-21　电源电缆及安装接口

确保电源线完全插入后，推进电源端子卡扣，完成电源线的连接固定，如图 2-22 所示。

推进电源端子卡扣

图 2-22　电源线连接固定

（7）安装单板

1）用十字螺钉旋具拧松假面板两端的螺钉，拉住假面板两端的螺钉并平滑拔出假面板，如图 2-23 所示。

平滑拔出假面板

图 2-23　假面板两端的螺钉及平滑拔出假面板

2）拿出 OSN 1800 V 型设备单板。

💡 **注意：**

　　正确的拿板方式如图 2-24 所示：双手拿板，且双手手指都在拉手条位置，否则可能会引起单板失效。所有对单板的操作，手握部位必须是单板的拉手条位置，不可碰触印制电路板的其他任何部位！

图 2-24　正确拿握单板方法

3）两手捏住单板面板上的扳手，将其向两侧掰开，如图 2-25 所示，使扳手与面板的夹角约 45°，如图 2-26 所示，沿着插槽导轨平稳滑动插入单板，直到单板无法向前滑动为止。

沿着导轨平滑插入单板　　　　　　　　　　扳手

图 2-25　单板插入方法

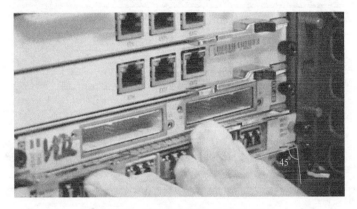

图 2-26　扳手与面板的夹角约 45°

4）内扣单板的两个扳手，并拧紧面板上的左右螺钉，如图 2-27 所示，到此单板安装完成。

内扣扳手

图 2-27　内扣扳手并拧紧螺钉

（8）安装网管线缆

根据主从子架连接关系，正确连接网管线缆，如图 2-28 所示。并通过束线架向右侧布放网管线缆，如图 2-29 所示。

图 2-28　连接网管线缆

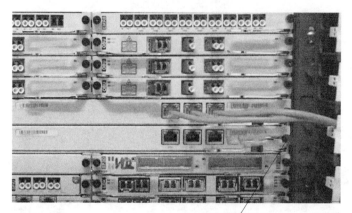

向右侧布放网管线缆

图 2-29　向右侧布放网管线缆

（9）告警线缆、时钟线缆、E1 业务电缆安装

依据安装手册正确连接告警线缆、时钟线缆、E1 业务电缆。所有电缆安装完成以后，再通过束线架向右侧布放线缆。

（10）绑扎线缆

将网管线缆、告警线缆、时钟线缆及 E1 电缆在机柜右侧进行布放绑扎，如图 2-30 所示。

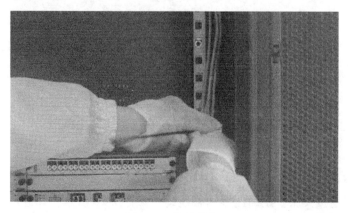

图 2-30　绑扎线缆

（11）安装布放光纤及盘纤盒盘纤

1）在安装光纤尾纤时先拔掉尾纤防尘帽，使用擦纤纸擦拭尾纤头，如图 2-31 所示。

尾纤防尘帽

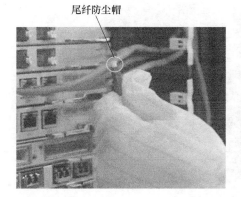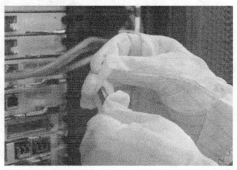

图 2-31　拔掉尾纤防尘帽及擦拭尾纤头

2）拔出单板光口的防尘帽，插入擦拭好的尾纤头，如图 2-32 所示，并通过束线架向右侧布放光纤，如图 2-33 所示。

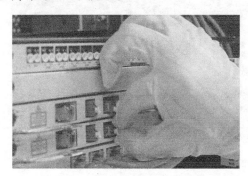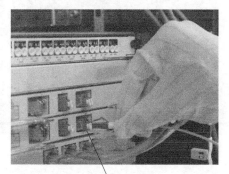

插入光纤

图 2-32　拔出单板光口的防尘帽并插入尾纤头

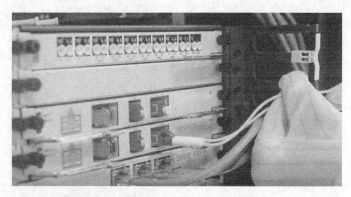

图 2-33　通过束线架向右侧布放光纤

3）拧开 OSN 1800 V 型设备机盒下方的盘纤盒左右两侧螺钉，并将盘纤盒拉出至最大。按照顺时针的方向将安装好的光纤进行盘纤，如图 2-34 所示，盘纤时优先盘大圈，长度不够时盘小圈，另外盘纤不能拉得太紧，要松弛有度。然后逐个单板进行光纤的布放，整理、绑扎和检验，最后合上盘纤盒，拧紧两侧螺钉，如图 2-35 所示。

图 2-34　正确盘纤方向与错误盘纤方向对比

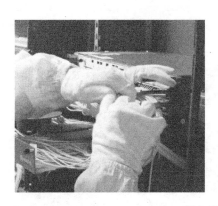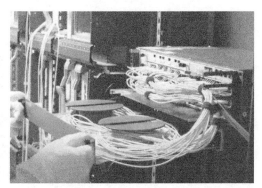

图 2-35　盘纤盒的安装

（12）安装 DCM 光纤

首先将 DCM 光纤扣安装到 DCM 插框对应位置，然后拔掉 DCM 尾纤头的防尘帽，用擦纤纸擦拭尾纤头，拔掉 DCM 插框光口的防尘帽，将尾纤头插入 DCM 光口。最后将光纤通过束线架向右侧布放光纤，并进行绑扎固定，最后的效果如图 2-36 所示。

安装效果检查要求：

- 设备结构件规范正确安装，无脱落或碰坏现象。
- 电缆不应有破损、断裂、中间接头。
- 电缆插头插接正确可靠。
- 电缆、光纤两端标识正确、清晰、整齐。
- 光纤布放的弯曲半径不能小于 40mm，光纤理顺后要用光纤绑扎带进行绑扎，且绑扎力度适宜，不能有扎痕。

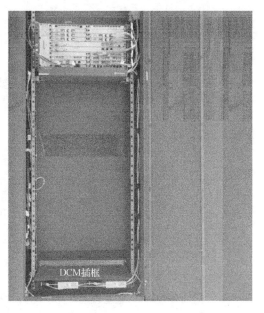

图 2-36　OSN 1800V 型设备安装完成效果

### 2.1.5　习题

**一、填空题**

1. OTN 常见的站点类型包括_____、_____、_____、_____等。

2. 华为 OTN 设备常见的型号包括_____、_____、_____、_____等，_____应用在传输网络的接入层。

3. 华为 OSN 1800 设备有_____、_____、_____三种机盒类型，其中_____有直流机盒和交流机盒两种结构。

**二、简答题**

1. 查阅相关资料，简要描述以下 OTN 设备单板的功能：TTA、EMR8、OBU、NQ02、UX-CMS、FIU、OPM8、PIU、ST2。

2. 画出 OSN 1800 V 型设备直流机盒结构图，标出槽位编号。

3. 简述华为 OSN 1800 V 型设备安装过程。

## 任务 2.2　构建 OSN 1800 设备网络

**任务描述**

如图 2-37 所示，某电信运营商要在某地构建三个站点的环形光传输网络。三个站点设备均采用华为 OSN 1800 V 型设备，要求三个站点中任意两个站点之间能够完成 4 波，单波最大带宽 10Gbit/s 业务的传输。目前网络工程师已经完成了光纤网络的铺设、三个站点的设备安装及各个站点外部与内部硬件光纤的连接。接下来要求在网管平台，帮助网络工程师完成三个站点

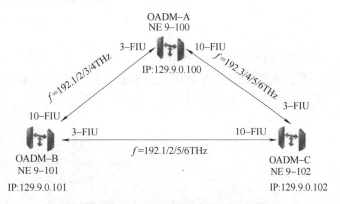

图 2-37　构建 OSN 1800 设备网络任务描述

之间的外部光纤连接配置及内部逻辑光纤连接配置，最后完成 12 个波道的 OCh 路径查询验证与测试。

**任务目标**

- 能阐述 OSN 1800 网络层次与系统架构。
- 能够知道 OTN 站点类型及不同站点的硬件配置。
- 能够理解 OTN 各种站点类型的信号流图原理。
- 能够完成 OTN 纤缆连接配置及 OCh 路径配置、查询与验证。

### 2.2.1　OSN 1800 网络层次、系统架构与组网方式

**1. OSN 1800 V 型设备网络层次**

如图 2-38 所示，OTN 产品可以应用于 OTN 的接入层、城域核心层、城域汇聚层、骨干核

心层等。而华为 OSN 1800 V 型设备主要应用于接入层，即直接面向用户连接或访问，如手机、计算机及其他终端用户等。而城域核心层、城域汇聚层、骨干核心层则需要更大容量的 OTN 产品，如华为 OTN 产品中的 OSN 8800 系列等。

2.2.1
OSN 1800网络
层次、系统架构
与组网方式

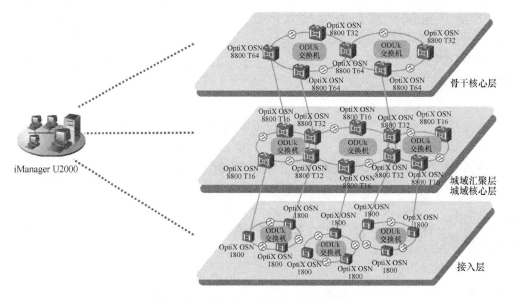

**图 2-38　华为 OTN 设备产品网络层次**

**2. OSN 1800 V 型设备系统架构**

图 2-39 所示为 OSN 1800 V 型设备内部系统原理架构，OSN 1800 V 型设备采用 L0+L1+L2 三层架构，其中 L0 为光层调度，L1 和 L2 为电层调度。

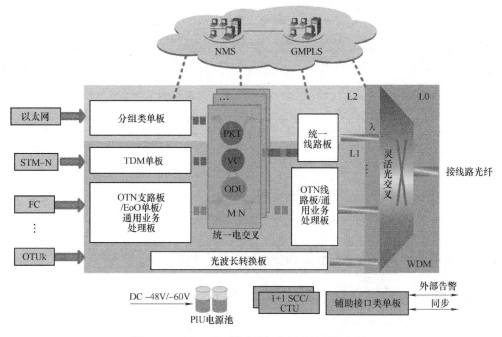

**图 2-39　OSN 1800 V 型设备内部系统原理架构**

L0 层光层调度支持基于光波长的复用/解复用和 DWDM 光信号的上下波。L1 层电层支持基于 ODUk/VC 业务的交叉调度。L2 层实现基于以太网/MPLS-TP 的业务交换。

图 2-38 中各个功能模块通过背板总线系统实现主控板对其他单板的控制、单板间通信、单板间业务调度、电源供电。背板总线包括控制与通信总线、电交叉总线、时钟总线等。

图 2-39 中各模块的功能如下：

光层单板包含光合波和分波类单板、光分插复用类单板、光纤放大器类单板、光监控信道类单板、光保护类单板、光谱分析类单板、光可调衰减类单板及光功率和色散均衡类单板，用于处理光层业务，可实现基于 λ 级别的光层调度。

电层单板包括支路类单板、分组类单板和线路类单板，用于处理电层信号，并进行信号的光-电-光转换，各级别调度颗粒可通过集中交叉单元，实现电层信号的灵活调度。

系统控制与通信类单板是设备的控制中心，协同网络管理系统对设备的各单板进行管理，并实现设备之间的相互通信。

辅助接口单元提供时钟/时间信号的输入/输出接口（预留接口）、告警输出及级联端口、告警输入/输出等功能接口。

**3. OSN 1800 V 型设备组网与应用**

（1）点到点组网

点到点组网是最简单的一种组网形式，用于端到端的业务传送，如图 2-40 所示。

图 2-40 OSN 1800 V 型设备点到点组网

点到点组网一般使用两个 OTM 站点，OTM 站点是 OTN 中最基本的站点类型，主要应用于终端站，即点到点、端到端的业务传送。

点到点也是最基本的组网形式，其他组网方式以此为基础。点到点组网一般用于常见的语音业务、数据专线业务和存储业务，以及数据中心互联等。

（2）链形组网

当部分波长需要在本地上下业务，而其他波长继续传输时，需要采用光分插复用设备组成的链形组网，如图 2-41 所示。

图 2-41 OSN 1800 V 型设备链形组网

光分插复用（OADM）站点也是 OTN 传输网中比较常用的站点，这种站点本身可以发送和接收面向不同站点的业务，而业务也可以在站点进行穿通（即业务在站点不进行上下而是简单的经过），一般 OADM 站点采用光分插复用类型的单板。

链形组网应用的业务类型与点到点组网类似，且更加灵活，可用于点到点业务，也可运用于简单组网形式下的汇聚式业务和广播业务，一般应用于公路、铁路、海岸沿线等。

（3）环形组网

传输网络的安全性和可靠性是网络服务质量的重要体现，为了提高传输网络的保护生存能力，在城域 DWDM 网络的规划中，绝大多数采用环形组网。

**小贴士**

OTN 是互联网、通信网、广播电视网的基础，也是几乎所有网络业务应用的基石，没有光纤通信网再先进的计算机、路由器、手机都是一个个孤零零的网络节点，不能构成网络，人们所熟知的移动物联网、云计算、大数据、深度学习、网上购物都是空中楼阁。所以，光纤承载网的可靠性、稳定性、安全性对工农业生产及经济发展起着至关重要的作用。保护光纤通信网、提高光纤通信网的可靠性是每个公民应尽的义务。

如图 2-42 所示，如果环形网络某一侧链路发生故障导致中断，业务不能从此侧通过，系统就会自动将业务倒换至另一个方向，保证业务不会中断。这极大地提高了传输的安全性和可靠性。

环形组网主要由 OADM 站点构成。环形组网适用范围最广，可用于点到点业务、汇聚式业务和广播业务。环形组网还可以衍生出各种复杂网络结构，如两环相切、两环相交、环带链等。除以上三种网络组网之外，还有网孔形网络结构。

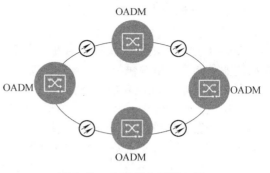

图 2-42　OTN 设备环形组网

## 2.2.2　OTN 站点类型、硬件配置与信号流图

OTN 主要的站点类型有 OTM、OLA、FOADM、ROADM 等，不同的站点类型其原理、功能和应用各不相同，接下来以 OTM、OLA 和 FOADM 三种站点展开介绍。

2.2.2
OTN 站点类型、硬件配置与信号流——OTM和OLA站点

### 1. OTM 站点

OTM 站点即光终端复用站点，该站点一般情况下安装在网络的端头或者源头位置，不仅能够实现光信号的放大，还能够实现业务的复用、解复用及上下业务。以 40λOTM 站点为例来介绍其主要的硬件配置。OTM（40λ）典型配置涉及的单板类型包括光波长转换类单板 LTX、LSC，支路和线路类单板 TQX、NS3，光合波和分波类单板 M40V、D40、SFIU，光纤放大器类单板 OAU1、OBU1，光监控信道类单板的 ST2 等，色散均衡类单板（DCU）或色散补偿模块（DCM），系统控制通信类单板 SCC，光谱分析类单板 MCA8、OM-CA、OPM8 等。

40λOTM 站点信号流图如图 2-43 所示，图中包含这个站点接收和发送两个方向的信号流图原理，其中上半部分为发送方向，下半部分为接收方向。

在发送方向：40 路客户侧业务被送入 OTU（波长转换单元）或者 TU+LU，在 OTU 内转换成 40 路标准的 DWDM 业务波长（即波分复用系统规定的波长），这 40λ 业务波道经过合波器 M40V 合波成为一路业务光信号，再经过 OBU1 对光功率进行放大，最后和 ST2 产生的光监控波道在 SFIU 单板内进行合波并传送到下一站点。

在接收方向：从另一个站点接收的线路信号在 SFIU 单板分离出光监控信号和业务波道光信号，光监控信号送入 ST2 单板处理。业务波道光信号经 OAU1 放大，DCM 进行色散补偿后送入光分插复用单板 D40，D40 将 40λ 合波的业务波道分成 40 个独立波长的 40 路光业务波道，所有被分离出来的业务波道进入相应 OTU，在 OTU 内转换成客户侧的业务信号，进而送入本地客户。

OTM 站点要注意 OTU 发送方向的功率平坦，即波道之间最大发送功率与最小之间相差不能超过门限值，因此采用 M40V 配置，可以调节每个波道的功率。

另外，在 OTU 客户侧和波分侧的接收端要加固定光衰减器，目的是调节光功率，使接收光功率在灵敏度和过载点之间。

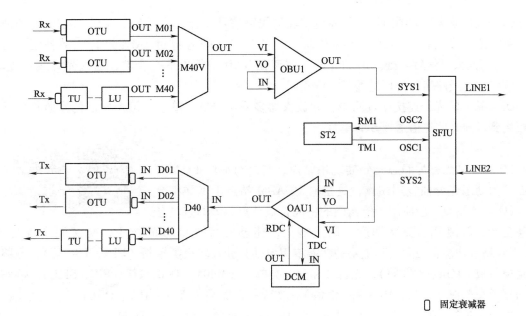

图 2-43　40λOTM 站点信号流图

## 2. OLA 站点

OLA 站点即光纤放大站点，该站点一般应用于长距离传输之后对光信号的放大，位于光传输网络的中间节点。它只能完成光信号的放大，不能够实现业务的复用、解复用及上下业务。由于涉及的功能不多，因此 OLA 站点涉及的单板也不多，硬件结构也较为简单。OLA 站点典型的单板包括光纤放大器类单板 OBU、OAU 等，光合波和分波类单板 FIU、SFIU 等，光监控信道类单板 ST2，色散均衡类单板（DCU）或色散补偿模块（DCM）。

OLA 站点的信号流图如图 2-44 所示。OLA 设备用于光放大站点，分别对两个方向上传输

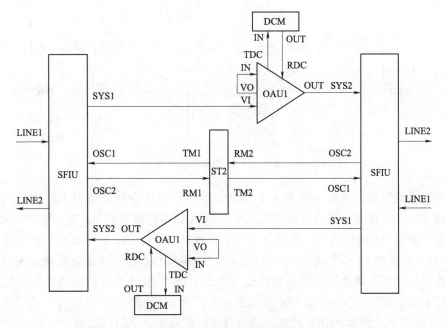

图 2-44　OLA 站点信号流图

的光信号进行放大。如图所示，从左侧接收的线路信号在合分波板 SFIU 内分离出光监控波道和业务波道，光监控信号送入 ST2 处理，业务波道光信号经过 DCM 进行色散补偿，通过 OAU1 进行放大，然后与处理后的光监控波道在 SFIU 单板内进行合波，送入光纤线路传输。从右侧接收的线路信号处理过程与左侧相同。

OLA 站点的光纤连接比较简单，光放大器多采用 OAU1 单板。OLA 站点的光监控信道类单板用到双向光监控信道板 ST2 单板。

### 3. FOADM 站点

2.2.2
OTN 站点类型、硬件配置与信号流图——FOADM 和 ROADM 站点

FOADM 站点称为静态光分插复用站点，与之对应的 ROADM 站点称为动态光分插复用站点，这里对 ROADM 站点不做详细介绍。FOADM 站点一般应用于传输网的中间传输节点，该站点具备业务复用、解复用、交叉调度、调配能力，能够实现光信号的放大、交叉调度等功能。FOADM 站点功能很强大，其主要的功能单板包括光波长转换类单板（LTX、LSC 等）、支路和线路类单板（TOA、NS3 等）、光合波和分波类单板（M40V、D40、ITL、FIU、SFIU）；静态光分插复用类单板（MR2、MR4、MR8 等）；光纤放大器类单板（OAU1、OBU1 等）、光监控信道类单板（SC2、ST2）、色散均衡类单板（DCU）或色散补偿模块（DCM）。

如图 2-45 所示为 40λ 并行 FOADM 站点信号流图。有两部分：从左向右传输和从右向左传输。这两部分原理相同，这里以从左向右传输原理为例进行介绍。

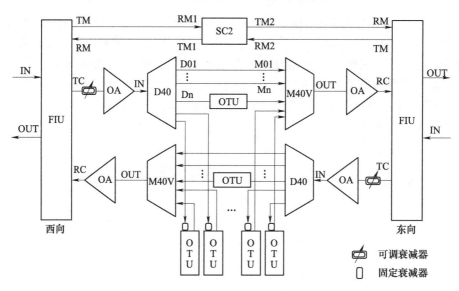

图 2-45　FOADM 站点信号流图

从左向右传输原理：如图 2-45 所示，接收的线路信号在合分波单板 FIU 内分离出光监控波道和一路 40λ 业务波道，光监控波道送入 SC2 单板和主控板 UXCMS 进行处理。40λ 业务波道送入光放大单板 OA 进行放大，然后送入光波长解复用单板 D40 使 40λ 合波的业务波道解复用成 40 个独立波长的 40 路光业务波道，部分光波道解复用后进入光波长转换单板 OTU，被送入到本地客户端设备。其余解复用业务波道与本地 OTU 单板转换后的波道在光波长复用单板 M40V 内实现复用合波，合为一路 40λ 道光波业务，送入 OA 模块进行放大，最后送入合波板 FIU，在 FIU 内与 SC2 产生的光监控波道进行合波，然后发送至后级站点。

FOADM 站点可以分为并行 FOADM 和串行 FOADM 两种，并行 FOADM 站点一般应用于大容量传输站点，串行 FOADM 站点一般应用于小容量站点。

### 2.2.3 实训：OTN 纤缆连接配置与 OCh 路径创建

本实训内容将要完成任务 2.2 的任务内容，完成三个站点之间的外部光纤连接配置及内部逻辑光纤连接配置，并完成 12 个波道的 OCh 路径查询验证与测试。

2.2.3
实训：OTN 纤缆连接配置与 OCh 路径创建

OCh 路径的创建属于 OTN 光层的业务配置，光层路径是电层业务的服务层，传输客户业务的前提就是完成 OCh 路径的建立，在网元之间和网元内部完成物理光纤的连接后，还需要在网络控制设备（NCE）网管系统上完成逻辑光纤的连接配置。

**1. 实训组网与纤缆连接原理**

（1）网络组网原理拓扑图

设计实训网络组网原理拓扑图，如图 2-46 所示，网管主机通过交换机与三个站点环形传输网络的网关网元 9-100 相连，三个光传输站点 9-100、9-101、9-102 通过光纤形成环形组网。

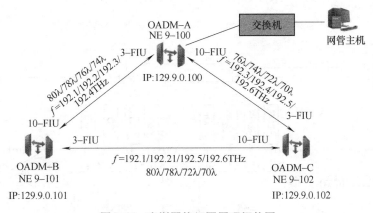

图 2-46 实训网络组网原理拓扑图

根据任务描述要求三个站点设备均采用华为 OSN 1800 V 型设备，要求三个站点中任意两个站点之间能够完成 4 波，单波最大带宽 10G 业务的传输，设计各网元所使用的业务波道频率规划，见表 2-8。

表 2-8 网元间业务波道频率规划

| 通信网元 | 使用的频率及波道 | | | |
|---|---|---|---|---|
| 9-100 连 9-101 | 192.1THz/80λ | 192.2THz/78λ | 192.3THz/76λ | 192.4THz/74λ |
| 9-100 连 9-102 | 192.3THz/76λ | 192.4THz/74λ | 192.5THz/72λ | 192.6THz/70λ |
| 9-101 连 9-102 | 192.1THz/80λ | 192.2THz/78λ | 192.5THz/72λ | 192.6THz/70λ |

（2）网元内部逻辑光纤连接信号流图

1）网元 9-100 与 9-101、9-102 相连的信号流图如图 2-47 所示。

2）网元 9-101 与 9-100、9-102 相连的信号流图如图 2-48 所示。

2.2.3
实训：OTN 纤缆连接配置与 OCh 路径创建——逻辑光纤连接信号流图

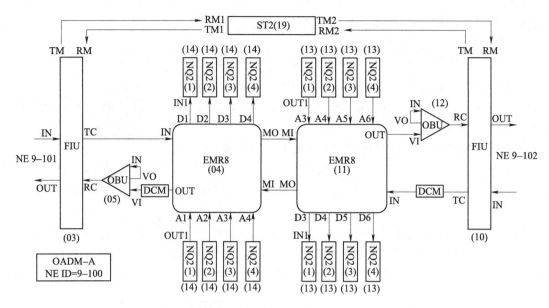

图 2-47　网元 9-100 与 9-101、9-102 相连的信号流图

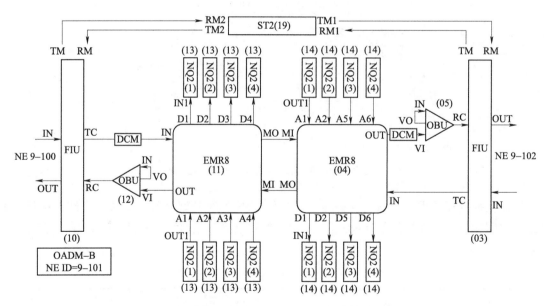

图 2-48　网元 9-101 与 9-100、9-102 相连的信号流图

3）网元 9-102 与 9-100、9-101 相连的信号流图如图 2-49 所示。

**2. 网管基本操作**

1）打开浏览器，输入网址 https://129.9.0.1:31943，输入用户名（admin）和密码，如图 2-50 所示，单击"登录"按钮，登录 NCE 服务器。

2）单击"网络管理"按钮，如图 2-51 所示，进入网络管理界面。

3）单击"物理拓扑"下的资源树菜单，可以看到具体的网元列表，如图 2-52 所示。

4）单击网元之间的光纤连接，可以看到网元之间已建立好的光纤，如图 2-53 所示。

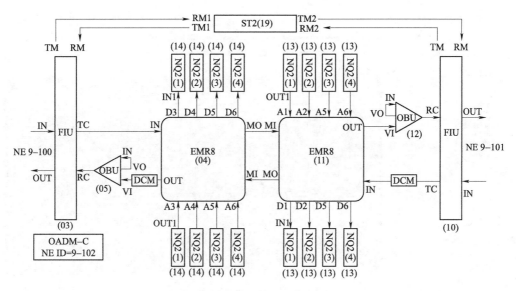

图 2-49　网元 9-102 与 9-100、9-101 相连的信号流图

图 2-50　登录 NCE 服务器

图 2-51　单击"网络管理"按钮

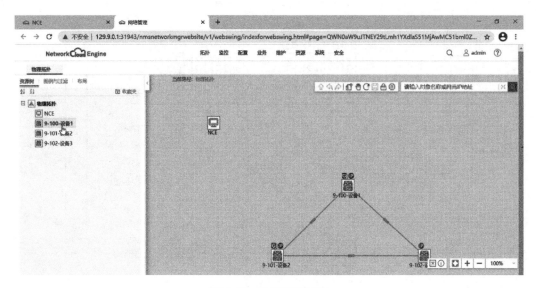

图 2-52　查看网元列表

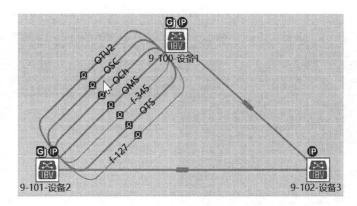

图 2-53　查看网元间光纤连接

5）选中网元，单击右键，从弹出的快捷菜单中选择"属性"命令，如图 2-54 所示，查看网元属性。

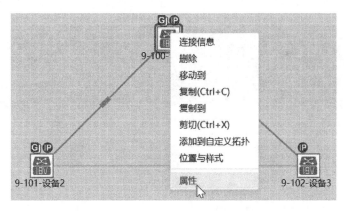

图 2-54　查看网元属性

图 2-55 所示为网元 9-100 属性对话框，其中 ID 为 100，扩展 ID 为 9，网元 IP 为 129.9.0.100，网元的 IP 和 ID 是唯一的，一般不轻易改变。

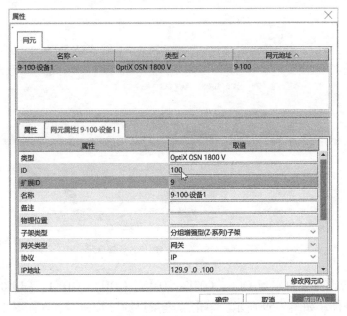

图 2-55　9-100 网元属性

6）搜索建立好的路径及业务。选择菜单"业务"→"WDM 路径"命令，如图 2-56 所示。进入"WDM 路径"界面。

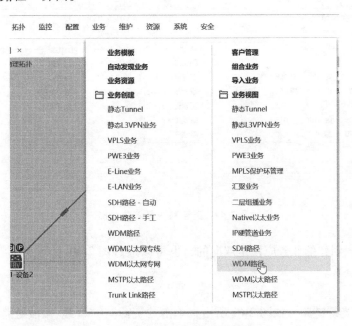

图 2-56　搜索 WDM 路径

① 单击"WDM 路径搜索"按钮，如图 2-57 所示。

② 连续单击"下一步"，单击"WDM 路径管理"按钮，如图 2-58 所示。

图 2-57　WDM 路径搜索

图 2-58　单击"WDM 路径管理"

③ 在弹出的界面中，可以对 OCh、OTU2、OMS、ODU2、ODU1、ODU0、ODUflex 等路径和业务设置过滤条件，如图 2-59 所示。单击"全量过滤"按钮，进入如图 2-60 所示的 OCh 路径业务查看界面。

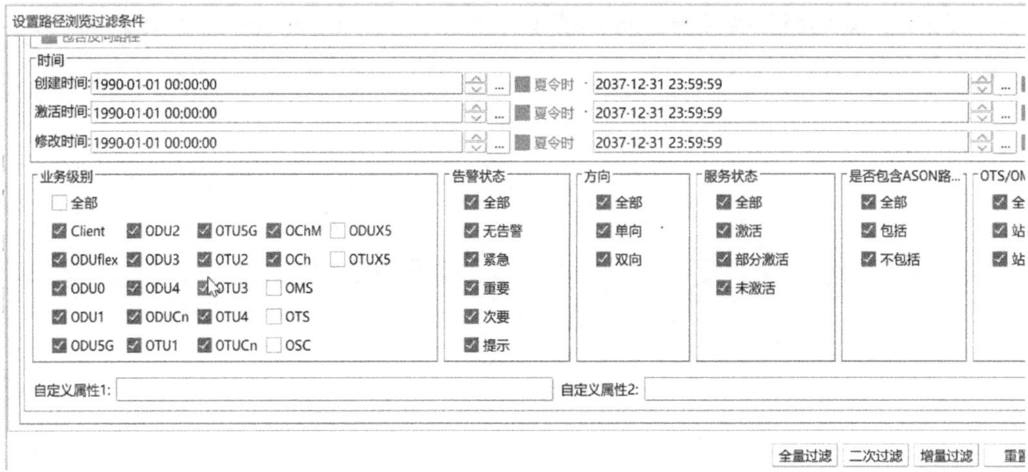

图 2-59　路径和业务筛选查询

通常情况下，创建的业务应该是双向的，也可以通过图 2-60 右下方的"信号流图"界面进行业务的流向查看。

7）删除光纤。

① 查询所有光纤链路，如图 2-61 所示，单击"资源"→"纤缆/微波链路"，进入如图 2-62 所示的"纤缆/微波链路管理"界面。

② 在该界面中选中所有光纤链路，在蓝色区域单击鼠标右键，从弹出的快捷菜单中选择"从网管侧删除纤缆"命令，如图 2-63 所示，然后单击"确定"。这样就完成了所有光纤从网管侧的删除操作，通过上述第 6）步操作也查询不到 OCh 路径，该操作只删除了网管侧的纤缆，

图 2-60　OCh 路径和业务查看界面

图 2-61　查询光纤链路

图 2-62　"纤缆/微波链路管理"界面

设备侧的链接并没有删除，所以可以将设备侧的配置链接同步到网管侧。但是如果选择图 2-63 中的"删除纤缆"命令，将同时删除网管侧和设备侧的所有纤缆链接，一般不建议采用此操作。

图 2-63　从网管侧删除纤缆

**3. 逻辑光纤连接配置**

**（1）信号流图配置**

以网元 9-100 为例，双击拓扑图中网元 9-100 的图标，进入到网元面板界面，如图 2-64 所示。单击左上方的"信号流图"标签，进入如图 2-65 所示的信号流图界面。

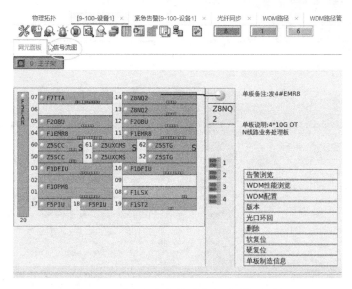

图 2-64　单击左上方的"信号流图"标签

网元 9-100 分别要去往 9-101 和 9-102 两个网元方向，这时候需要对照图 2-47 所示，摆放好各个单板位置，然后就可以进行纤缆连接配置操作了。在进行纤缆连接配置操作前，先要对照信号流图，确定连接的是哪根光纤。

这里需要注意的是所有光纤连接都必须遵循连接原理，否则配置的光纤和设备硬件连接光

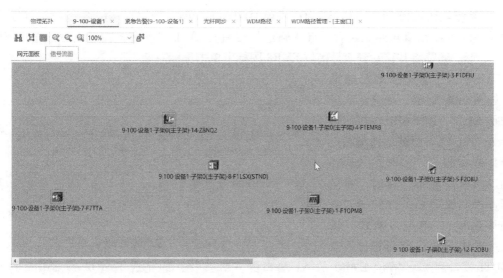

图 2-65　信号流图界面

纤不匹配，将导致配置错误。

【例 2-1】　连接图 2-47 中的 14 号槽位 NQ2 的 OUT1 端口到 4 号槽位 EMR8 的 A1 端口。

1）在空白位置，单击鼠标右键，在快捷菜单中选择"新建光纤"命令，如图 2-66 所示。此时，光标会变成一个"十字"形，将其移动到 14 号槽位 NQ2 的图标上单击，弹出如图 2-67 所示的选择源端界面。

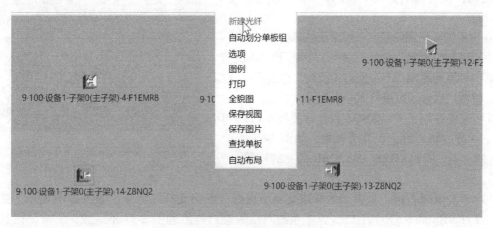

图 2-66　选择"新建光纤"命令

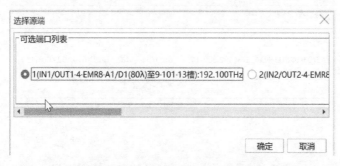

图 2-67　"选择源端"对话框

2）系统默认选择 OUT1 口，即 NQ2 发射 OTU1 口，单击"确定"按钮（注意：在这里需要和原理图 2-47 认真对照无误后再点"确定"按钮）。单击"确定"按钮之后，光标依旧是"十字"形，继续将其移动到 4 号槽位 EMR8 图标上单击鼠标左键。

3）弹出"选择宿端"对话框，如图 2-68 所示，系统默认选择的是 A1 口，即 EMR8 单板的接收口 A1 口，经对照默认连接端口和图 2-47 一致（当系统默认选择的端口与原理图不一致时，需要重新选择和原理图一致的端口进行确认连接），单击"确定"按钮。这样就完成了 14 号槽位 NQ2

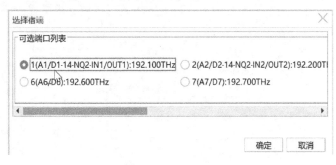

图 2-68　选择宿端 A1 口

的 OUT1 端口到 4 号槽位 EMR8 的 A1 端口的光纤连接，即完成了 NQ2 到 EMR8 的 80λ/192.1THz 一个波道业务的上波。

4）用同样的方法，将线路板 14-Z8NQ2 到光复用/解复用板 4-F1EMR8 的其余三个波道上波连接好。

由于 OTN 采用的是单纤单向，上面的操作只是完成了 9-100 到 9-101 发方向的 4 波业务上波操作，收方向也需要进行 4 个波道业务的下波配置。操作方法相同，只是源端变成了 4-F1EMR8，宿端变成了 14-Z8NQ2。

在这里需要强调的是，系统默认选择的端口，一定要和原理图端口对照一致之后才可以进行下一步配置。默认端口和原理图端口不一致必须找到与原理图一致的端口，修改之后才可以进行下一步配置。

5）完成线路板 14-Z8NQ2 到合分波板 4-F1EMR8 的上下 4 波逻辑光纤，一共有 8 根，如图 2-69 所示。

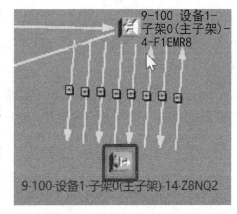

图 2-69　配置完成的上下 4 波逻辑光纤

【例 2-2】　4-F1EMR8→5-F2OBU 的光纤连接（发方向）。

1）单击鼠标右键，从弹出的快捷菜单中选择"新建光纤"命令，如图 2-70 所示，选择源端为 4-F1EMR8 的 9 号 OUT 口（这里系统默认的端口与原理图 2-47 不一致，所有修改选择如图 2-70 所示的端口进行正确连接）。

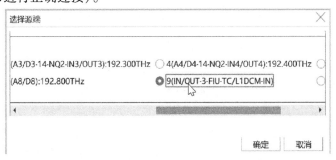

图 2-70　选择源端为 4-F1EMR8 的 9 号 OUT 口

2）单击 5-F2OBU 图标，选择宿端为 5-F2OBU 的 4 号 VI 口，如图 2-71 所示。

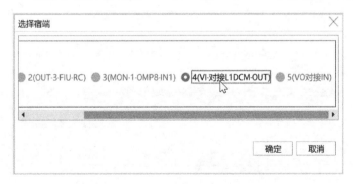

图 2-71　选择宿端为 5-F2OBU 的 4 号 VI 口

从图 2-71 可以看出，发送的光合波信号要经历过 DCM，但在信号流图和逻辑光纤连接中，可不考虑 DCM 的连接。

【例 2-3】　5-F2OBU 自身的光纤连接（发方向）。

1）选择源端为 OBU 单板的 5 号 VO 口，如图 2-72 所示。

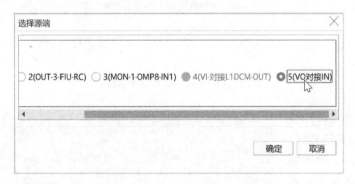

图 2-72　OBU 单板的 5 号 VO 口

2）选择宿端为 OBU 单板的 1 号 IN 口，如图 2-73 所示。

图 2-73　OBU 单板的 1 号 IN 口

【例 2-4】　5-F2OBU→3-F1DFIU 的光纤连接。

1）选择源端为 5-F2OBU 单板的 2 号 OUT 口，如图 2-74 所示。

2）选择宿端为 3-F1FIU 单板的 3 号 WRC 口，如图 2-75 所示。

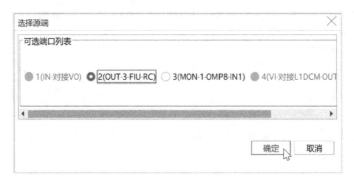

图 2-74　5-F2OBU 单板的 2 号 OUT 口

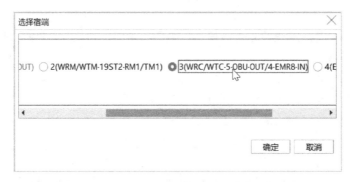

图 2-75　3-F1FIU 单板的 3 号 WRC 口

【例 2-2】~【例 2-4】只完成了发送方向的光纤连接，还需要连接接收方向的逻辑光纤，此时源端和宿端刚好相反，其配置方法不再赘述。

需要说明的是，依据图 2-47 信号流图，接收信号并没有经过 OBU 放大，即接收信号直接从 3-F1DFIU 到 4-

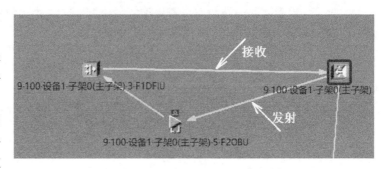

图 2-76　接收信号没有经过 OBU 放大

F1EMR8，再回到 14-Z8NQ2，如图 2-76 所示。

【例 2-5】　如图 2-47 所示，由于光监控信波道和 4 波合波的业务波道（经 11 号槽位 OBU 放大的业务波道），需经过 FIU 单板进行合波，因此需要将光监控单板的光纤连接到 FIU 单板。

1）依据图 2-47，选择源端为 19-F1ST2 的 2 号 TM2 口，如图 2-77 所示。

2）选择宿端为 3-DFIU 的 2 号 WRM 口，如图 2-78 所示。

同理，也需要完成接收方向监控光信号波道的逻辑光纤连接，即将源端和宿端进行一次相反的选择。

这样，网元 9-100 和 9-101 之间的逻辑光纤就连接完成了。用同样的方法将网元 9-100 和 9-102 之间的逻辑光纤进行连接，再完成 4 号槽位和 11 号槽位的 MI 到 MO 收发光纤的连接，就完成了网元 9-100 内部所有逻辑光纤的连接配置，其配置完成效果如图 2-79 所示。

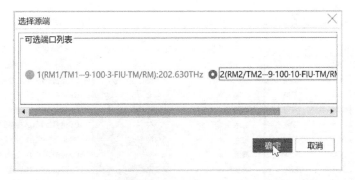

图 2-77　选择源端为 19-F1ST2 的 2 号 TM2 口

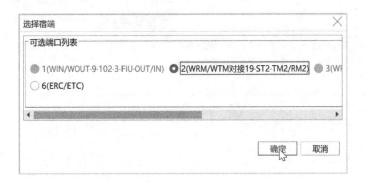

图 2-78　选择宿端为 3-DFIU 的 2 号 WRM 口

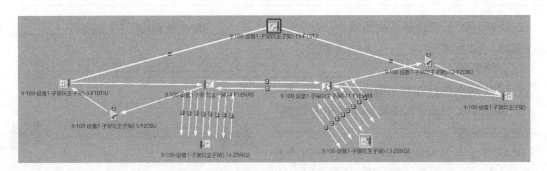

图 2-79　网元 9-100 所有逻辑光纤的连接配置完成效果图

　　用同样的方法完成网元 9-101、9-102 逻辑光纤的连接配置，然后回到主拓扑图配置界面，依据图 2-45 完成网元 9-100、9-101、9-102 三个站点间的光纤连接配置。至此所有网络纤缆连接配置及网元内部逻辑纤缆连接配置完成。

4. OCh 路径查询与验证

　　三个网元之间的逻辑光纤连接和网元间物理光纤连接完成后，通过图 2-56 的操作查询 WDM 路径，可以看到每个网元有 4 条双向 OCh 路径，共 12 条，如图 2-80 所示。至此，本次实训任务完成。

| ID | 级别 | 方向 | 服务状态 | 告警状态 | 名称 |
|---|---|---|---|---|---|
| 0 | OCh | 双向 | 激活 | 无告警 | 9-101-设备2-9-102-设备3-OCh-609 |
| 0 | OCh | 双向 | 激活 | 无告警 | 9-101-设备2-9-102-设备3-OCh-611 |
| 0 | OCh | 双向 | 激活 | 无告警 | 9-101-设备2-9-102-设备3-OCh-613 |
| 0 | OCh | 双向 | 激活 | 无告警 | 9-101-设备2-9-102-设备3-OCh-615 |
| 0 | OCh | 双向 | 激活 | 无告警 | 9-100-设备1-9-101-设备2-OCh-591 |
| 0 | OCh | 双向 | 激活 | 无告警 | 9-100-设备1-9-101-设备2-OCh-593 |
| 0 | OCh | 双向 | 激活 | 无告警 | 9-100-设备1-9-101-设备2-OCh-595 |
| 0 | OCh | 双向 | 激活 | 无告警 | 9-100-设备1-9-101-设备2-OCh-597 |
| 0 | OCh | 双向 | 激活 | 无告警 | 9-100-设备1-9-102-设备3-OCh-601 |
| 0 | OCh | 双向 | 激活 | 无告警 | 9-100-设备1-9-102-设备3-OCh-603 |
| 0 | OCh | 双向 | 激活 | 无告警 | 9-100-设备1-9-102-设备3-OCh-605 |
| 0 | OCh | 双向 | 激活 | 无告警 | 9-100-设备1-9-102-设备3-OCh-607 |

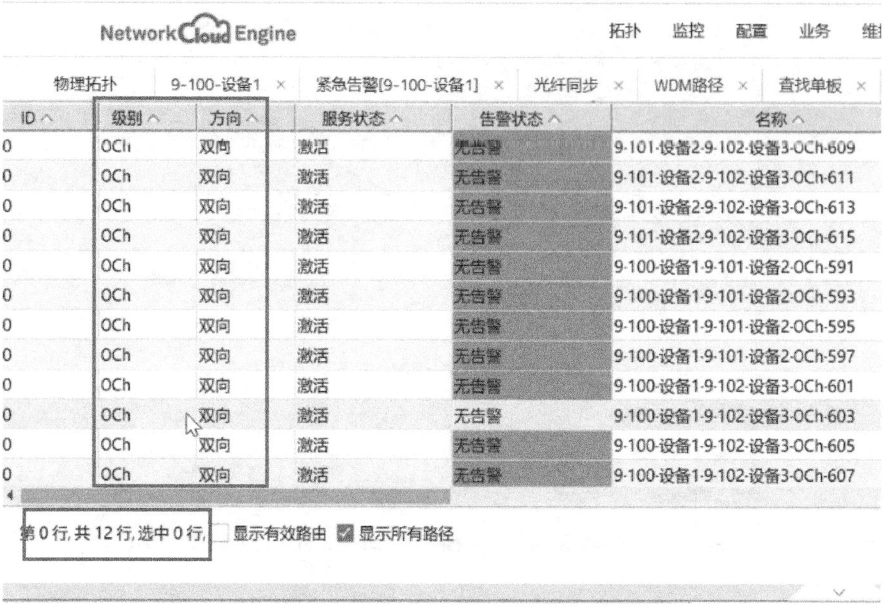

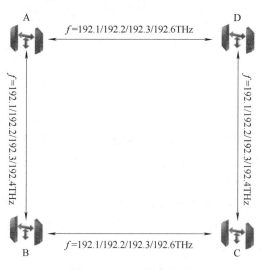

图 2-80 OCh 路径查询与验证

## 2.2.4 习题

### 一、填空题

1. OSN 1800 V 型设备系统架构包括________、________、________三层，其中________层运行于光层。

2. OSN 1800 V 型设备系统架构中，L0 层基于________的业务调度，L1 层基于________的业务调度，L2 层基于________的业务调度。

### 二、简答题

1. OTM 站点包括哪些功能性单板？

2. 画出 40λ 并行 FOADM 站点的信号流图。

### 三、综合题

某 OTN 设备组网如图 2-81 所示。OTN 光传输站 A、B、C、D 都属于串行 FOADM 站点，均采用华为 OSN 1800 V 型设备组网。已知网元 A 与 B、A 与 C 及 B 与 C 都有 2 路 10G STM-64 的 SDH 业务传输，传输波道如图 2-81 所示。

1. 在设计该传输网络时，采用华为 OSN 1800 V 型设备，串行 FOADM 站点。站点 B 设计的单板有 TTA（1 块）、EMR8（2 块）、OBU（2 块）、NQ2（2 块）、UXCMS（2 块）、FIU（2 块）、OPM8（1 块）、PIU（2 块）和 ST2（1 块）。请任选 4 类单板，简要描述其功能。

图 2-81 OTN 设备组网

2. 依据华为 OSN 1800 V 型设备架构，画出华为 OSN 1800 V 型设备槽位结构图，并将 1 题中的 9 种单板合理标注在对应的槽位（将单板名称写在对应槽位）。

3. 规划 A 与 B 的 2 路 10Gbit/s 业务采用 192.1/192.2THz 波道，B 与 C 的 2 路 10Gbit/s 业务也采用 192.1/192.2THz 波道，剩余的波道用于 A 与 C 之间 2 路 10G 业务的传输（A 与 C 的业务路径是 A→B→C）。请根据以上业务波道规划要求，使用 1 题的重要信号处理单板，画出串行 FOADM 站点 B 的单板信号流图，标出具体波道处理过程。

# 项目 3　　OTN 业务配置

OTN 的业务配置包括电层业务和光层业务两方面，典型的电层业务主要是对各级别的 ODUk 信号进行调度（k = 0，1，2，3，4），根据 k 值的不同，可封装 STM-N、FE、GE、10GE 以太网等速率不同的业务，光层业务则是对波长进行调度，创建多条不同的 OCh 路径，并复用到 OMS 层。本项目以华为 OptiX OSN 1800 V 型 OTN 设备为实训平台，学习使用单站法对 ODUk 电层业务进行配置与验证，主要包括 ODUk 非汇聚业务的配置、ODU1 汇聚业务的配置，ODUflex 业务、ODUk 穿通业务和波长穿通业务的配置，了解路径法配置业务的过程。

 项目目标

- 了解 OTN 业务的类型、配置方法、汇聚业务和非汇聚业务的概念。
- 掌握 ODU0/ODU1/ODU2 非汇聚业务的应用场景、单站配置方法和验证。
- 掌握 ODUflex 非汇聚业务的应用场景、单站配置方法和验证。
- 掌握 ODU1 汇聚业务的应用场景、单站配置方法和验证。
- 掌握 ODUk 业务的穿通配置方法。
- 使用路径法配置 ODUk 业务。

 知识导引

项目3　OTN业务配置

ODUk非汇聚业务配置　　　　ODUk汇聚业务配置　　　　OTN穿通业务配置

非汇聚业务基本概念　ODU0非汇聚业务配置　ODU1非汇聚业务配置　ODU2非汇聚业务配置　ODUflex非汇聚业务配置

汇聚业务基本概念　ODU1汇聚业务配置

穿通业务基本概念　光层波长穿通业务配置　电层ODUk穿通业务配置

## 任务 3.1　ODUk 非汇聚业务配置

**任务描述**

某市电力系统有三个重要业务站点 A、B、C，其中各网元之间有多条 STM-16、STM-64 业务，用于电力数据的调度通信；同时还需要承载 GE、10GE 等以太网业务及 FC-400 非标准 OTN 速率的业务，用于图像和视频监控信息的传递。三个网元都使用华为 OptiX OSN 1800 V 型 OTN 设备进行组网，要求通过配置 ODUk（k = 0，1，2，2e）非汇聚业务以及 ODUflex 业务完成上述通信需求。

**任务目标**

- 掌握在华为 OptiX OSN 1800 V 型设备上配置 ODU0 非汇聚业务的方法。
- 掌握在华为 OptiX OSN 1800 V 型设备上配置 ODU1 非汇聚业务的方法。
- 掌握在华为 OptiX OSN 1800 V 型设备上配置 ODU2 非汇聚业务的方法。
- 了解使用路径法配置 ODUk 非汇聚业务。

### 3.1.1　实训：ODU0 非汇聚业务配置

ODUk（光通道数据单元）提供与信号无关的连通性、连接保护和监控等功能，其中 k 是 ODU 的级别。华为 OptiX OSN 1800 V 型设备支持 ODU0、ODU1、ODU2 级别的汇聚业务传送，可以将 STM-1、STM-4、STM-16、STM-64、GE、FE、10GE、FC-200、FC-400 等客户侧信号进行封装与传送。

3.1.1
实训：ODU0 非汇聚业务配置

本次任务主要学习使用单站法和路径法配置 ODUk 业务。

在网元 A 和网元 B 之间，需要传输一路 GE 业务，速率为 1000Mbit/s，完成视频信息和图像信息的传输，通过配置 ODU0 非汇聚业务实现。任务所使用的通信组网示意如图 3-1 所示。

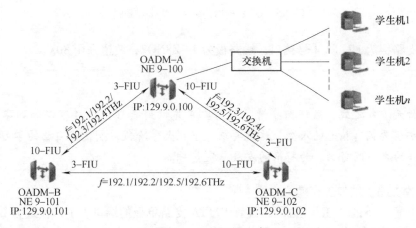

图 3-1　通信组网示意

**1. 配置规划**

网元间波道规划见表 3-1。

表 3-1　网元间波道规划

| 通信网元 | 使用的频率及波道 | | | |
|---|---|---|---|---|
| 9-100 对 9-101 | 192.1THz/80 λ | 192.2THz/78 λ | 192.3THz/76 λ | 192.4THz/74 λ |
| 9-100 对 9-102 | 192.3THz/76 λ | 192.4THz/74 λ | 192.5THz/72 λ | 192.6THz/70 λ |
| 9-101 对 9-102 | 192.1THz/80 λ | 192.2THz/78 λ | 192.5THz/72 λ | 192.6THz/70 λ |

非汇聚业务是将客户侧接入的信号一对一地封装到某个完整的 ODUk 中，具体来说，即客户侧的某个业务信号通过支路侧单板接入，封装、映射到某个 ODU，再经由交叉单板调度到线路板的某个波道上（OCh 路径）。ODUk 业务包括 ODU0、ODU1、ODU2、ODU3、ODU4 和 ODUflex 业务等，在华为 OptiX OSN 1800 V 型设备上不支持 ODU3 和 ODU4 业务的接入。

**2. 单站法配置 ODU0 非汇聚业务**

ODU0 的速率大小为 1.25Gbit/s，通常小于该速率的客户业务可以接入到 ODU0 封包，OptiX OSN 1800 支持映射到 ODU0 的业务为 FE、GE、FDDI、ESCON、SDI、DVB-ASI、FC100 和 FICON。下面以项目任务中的 GE 业务为例，讲解 9-100 和 9-101 网元之间 ODU0 非汇聚业务配置方法（单站法）。

（1）业务使用单板和相关参数规划

本实训中网元 9-100 配置所使用的单板、客户端口及波长规划如图 3-2 所示。

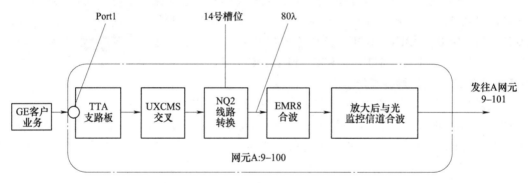

图 3-2　ODU0 非汇聚业务总体规划图

其中，支路板为 F7TTA-1 号接口；线路板为 14-Z8NQ2，波道采用 80λ。

⬡ **小贴士**

将军不打无准备之战，做任何事情，都需要事先做好规划，这样可以起到事半功倍的效果。每个人都想要拥有精彩的人生，这就要求大家在大学阶段，制定好自己的学习目标和人生初步规划，并为之不断努力，为将来的发展奠定基础。

（2）配置支路板端口工作模式

单击"配置"下的"工作模式"，设置 F7TTA 支路单板的端口 1 工作模式为 ODU0 非汇聚模式，单击"应用"按钮，如图 3-3 所示。

（3）设置 WDM 接口业务类型

如图 3-4 所示，单击"配置"下的"WDM 接口"，设置客户侧业务类型。这里将其设置为 GE（GFP-T），单击"应用"按钮。

图 3-3 设置网元工作模式

图 3-4 设置 WDM 客户侧接口类型

（4）配置支路板到线路板的交叉

单击左侧菜单的网元 9-100，回到网元级别环境，再单击"分组配置"下的"WDM 业务管理"，在弹出的界面中单击"新建"按钮，如图 3-5 所示。

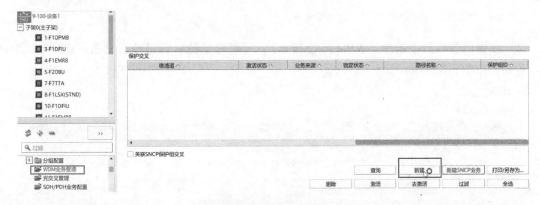

图 3-5 新建交叉连接

这里的交叉是支路板到线路板的电交叉，需要选择正确的级别、业务方向、交叉源和宿、所用波道等。本例中级别为 ODU0，方向为双向，源为 F7TTA 的第一个端口，对于华为 OSN 1800 V 型 OTN 设备，其单波道最大支持 10Gbit/s，即一个波道中最多可容纳 8 个 ODU0 数量，这里的宿线路板选择位于 14 号槽位波道为 80λ 的第一个 ODU0 时隙，完成后单击"应用"按钮，如图 3-6 所示。

由于是通过单站法配置 ODU0 业务，所以还需要在网元 9-101 上进行配置。

（5）网元 9-101 的业务参数规划

对于网元 9-101，客户侧端口可以采用 F7TTA 支路板 10 个端口的任意一个，并不是一定要使用第一个物理客户接口，但线路板的 ODU0 时隙号、所使用的波道，必须一一对应。这里设置支路板为 F7TTA-1 号接口，线路板 13-Z8NQ2，波道 80λ。配置步骤和方法和网元 9-100 上的完全相同，即依次配置支路单板接口工作模式、WDM 接口模式，新建支路板到线路板的业务交叉，这里不再重复。

（6）搜索并管理业务路径

两个网元的配置均完成后，可进行业务的管理（先搜索，后管理）。

1）单击菜单中的"业务"，再选择右侧"业务视图"下的"WDM 路径"，进行业务路径搜索，如图 3-7 所示。

图 3-6　支路板到线路板的交叉连接参数配置

图 3-7　WDM 路径搜索

2）在弹出的界面中选择"WDM 路径搜索"，可以看到搜索到路径有三条：ODU2、ODU0 和 Client，如图 3-8 所示。

图 3-8　WDM 路径搜索结果

可以看到，尽管没有配置 ODU2 业务，但配置的 ODU0 业务最终通过复用到 ODU2 服务层进行传输，因此也会自动创建一条 ODU2 的路径；而客户路径是指通过 F7TTA 的 1 号端口接入的 GE 业务，也是客观存在的。

3）在路径管理中，可以设置过滤条件，如只看 ODU0 或 OCh 等，这里可以设置过滤出 ODU0 业务，如图 3-9 所示。

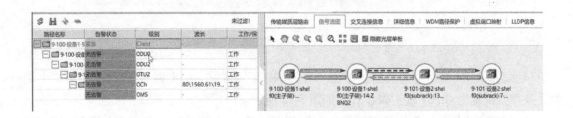

图 3-9　设置业务路径过滤

4）进一步过滤出客户路径，可以看到该业务的完整信号流图，如图 3-10 所示。

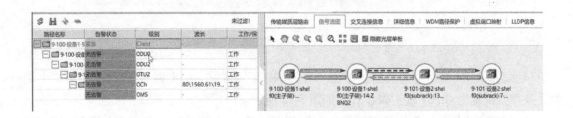

图 3-10　客户业务信号流图

至此，ODU0 的业务配置完成。

### 3.1.2　实训：ODU1 非汇聚业务配置

ODU1 非汇聚业务主要是接入客户侧速率为 2.5Gbit/s 的信号，如 SDH 网络中的 STM-16 业务信号，其配置方法和 ODU0 非汇聚业务非常类似。本实训以任务中网元 9-100 发往 9-101 的 STM-16 业务为例，首先通过单站法介绍 ODU1 非汇聚业务配置方法。

3.1.2
实训：ODU1 非
汇聚业务配置

**小贴士**

学习知识需要触类旁通，在学习过程中，大家应当灵活地思考，将已学知识运用到其他相类似的事物。举一反三是联想能力的实践和运用，这种思维方式像细胞分裂那样由此及彼，不断创造新鲜事物。同学们应当培养勤于思考，认真钻研问题的好习惯，在学习过程中做到举一反三，并提出疑问，创新突破。

（1）单站法配置 ODU1 非汇聚业务

1）业务使用单板和相关参数规划。本实训中，网元 9-100 所使用的支路板为 F7TTA-2 号接口，线路板为 14-Z8NQ2，同样采用波道 80λ 承载。

2）配置支路板端口工作模式。在网元 9-100 子架下的菜单，将支路板 F7TTA 的端口 2 工作模式设置为 ODU1 非汇聚模式，如图 3-11 所示。

图 3-11　设置支路板使用的端口工作模式

3）配置 WDM 接口业务类型。单击"WDM 接口"菜单，将支路板 F7TTA 的第二个端口的业务类型设置为 ODU1 非汇聚模式，如图 3-12 所示。

4）配置支路板到线路板的交叉连接。回到网元级别环境，单击左侧菜单下的"WDM 业务管理"，在弹出的界面中单击"新建"按钮，如图 3-13 所示。

和 ODU0 非汇聚业务一样，这里也需要正确地选择业务级别、源、宿、所用波道、业务方向等。在本例中，级别为 ODU1，源为 F7TTA 的第二个端口，如图 3-14 所示。

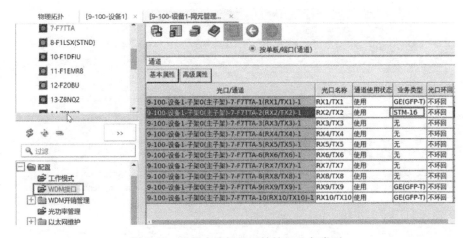

图 3-12　设置支路板使用的接口业务类型

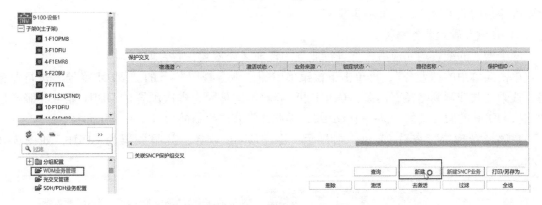

图 3-13　新建交叉连接

需要说明的是，华为 OSN 1800 V 设备单波道可容纳 4 个 ODU1 封包，由于前面的 GE 业务已经占用了第一个 ODU 时隙，因此此时只剩下 3 个 ODU1 时隙可以使用，默认是从第一个 ODU1 开始编号使用，即宿端为 14 号槽位的线路板 Z8NQ2，时隙为 80λ 的第一个 ODU1，如图 3-15 所示。

事实上，图 3-15 中的第 4 个 ODU1 无法使用。

由于是通过单站法配置 ODU0 业务，还需要在网元 9-101 上进行业务配置。

5）网元 9-101 的业务配置规划。对于网元 9-101，这里线路板的 ODU1 时隙号、所使用的波道、同样需要和网元 9-100 一一对应。设置支路板为 F7TTA-2 号接口，线路板为 13-Z8NQ2，时隙为波道 80λ 第一个 ODU1 时隙。配置步骤和方法

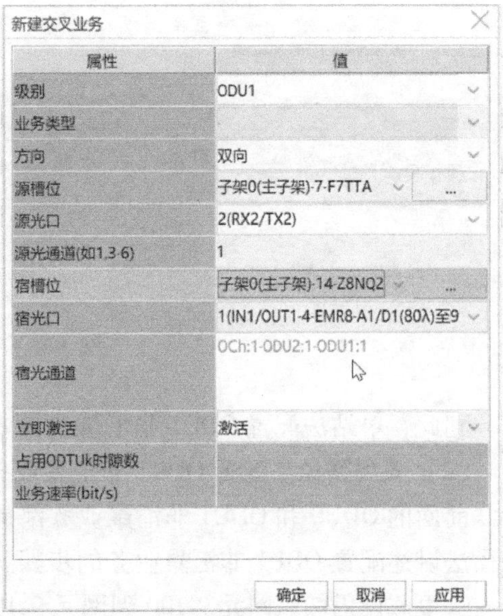

图 3-14　ODU1 业务的交叉连接配置参数

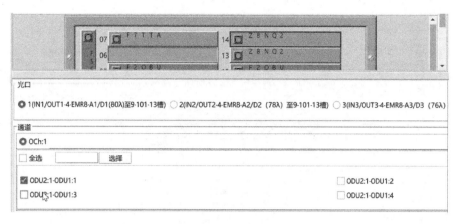

图 3-15　ODU1 时隙的选择

和网元 9-100 上的完全相同，即依次配置支路单板接口工作模式、WDM 接口模式，新建支路板到线路板的业务交叉，此处不再重复。

6）搜索并管理业务路径。

两个网元的配置均完成后，可进行业务的管理（先搜索，后管理）。

单击菜单中的"业务"，再单击下拉菜单中的"业务视图"下的"WDM 路径"进行业务路径搜索。共搜索到路径有两条：ODU1 和 Client。这是因为本次配置的 ODU1 业务其服务层和前次 ODU0 的服务层均为同一个 ODU2，因此并没有产生新的 ODU2 服务层路径。

在路径管理中，查看 Client，则显示一条 STM-16 业务，其服务层为 ODU1，如图 3-16所示。

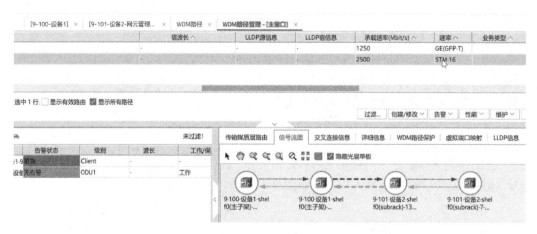

图 3-16　ODU1 业务查询结果

到此，单站法配置 ODU1 非汇聚业务就完成了。

（2）采用路径法配置 ODU1 非汇聚业务

前面的 ODU0 和 ODU1 非汇聚业务都是采用单站法，即需要每个单站完成配置，下面采用路径法讲述配置 ODU1 非汇聚业务的步骤。

这里假设仍然以网元 9-100 到网元 9-101 的 ODU1 非汇聚业务为例，假设两个网元都使用 F7TTA 的第 3 个接口。

使用路径法配置业务，同样需要在两个网元上配置端口工作模式和业务类型，这里不再重复。

1）单击"业务"菜单，再单击"业务创建"下的"WDM 路径"命令，如图 3-17 所示。

2）在弹出的界面中，选择业务速率等级为"STM-16"，单击下方的"浏览"按钮，选择正确的源和宿。这里的源和宿分别是支路板 F7TTA 的第 3 个端口，如图 3-18 所示。

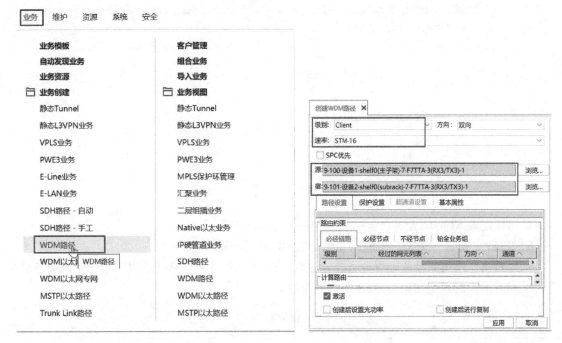

图 3-17 选择"WDM 路径"命令　　　　图 3-18 创建 WDM 路径界面

3）单击"应用"按钮，系统会自动在两个网元之间计算出一条承载 ODU1 的 OCh 路径，如图 3-19 所示。

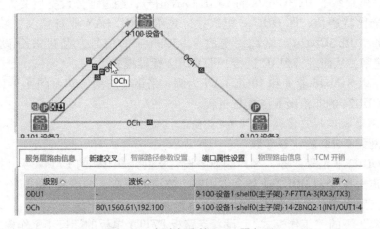

图 3-19 自动创建的 OCh 服务层

4）在图 3-19 中，可以通过单击物理拓扑中的 OCh 路径，手工选择其他 OCh 路径或 ODU1 时隙，如图 3-20 所示。

5）从图 3-20 可以看出，此时如果选择 80λ，则 ODU1 系统从第二个开始自动选择，因为

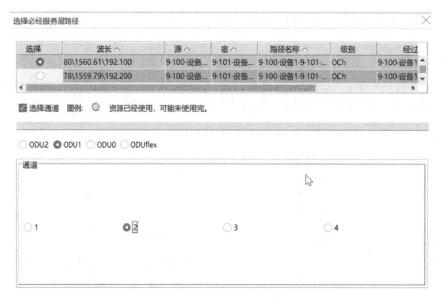

图 3-20 灵活选择 ODU1 的时隙界面

前面单站法配置 STM-16 业务已经占用了第一个 ODU1 时隙。

6）单击"确定"按钮，完成路径法配置 ODU1 非汇聚业务。

可以看出，采用路径法配置业务比单站法更快速，在初学时建议采用单站法完成业务的配置，这样有助于对理论知识及 OTN 层次的理解。

### 3.1.3 实训：ODU2 非汇聚业务配置

ODU2 非汇聚业务主要是接入客户侧的 SDH 网络中的 STM-64 业务信号或 10GE LAN 业务，其标称速率为 10Gbit/s。封装 STM-64 业务采用标准模式，而对于 10 GE LAN 业务，其速率为 10.3Gbit/s，标准的 ODU2 无法进行封装，OTN 采用两种方法进行处理：一是提高 ODU2 的速率，从而能够完整地装下 10.3Gbit/s 的 10GE LAN 信号，经过波分设备后变为 11.1Gbit/s 的速率，从而进行全比特透传，即 ODU2e 模式；二是给 10GE LAN 业务瘦身，将物理层数据从 10GE LAN 业务（10.3Gbit/s）剥离，变成 9.95Gbit/s 的信号，经过波分设备封装后变成 10.7Gbit/s 的速率，从而进行 MAC 透传，即 ODU2 标准模式。

本实训分别以 STM-16 业务和 10GE LAN 为例，采用单站法，学习网元 9-100 和网元 9-101 之间 ODU2 和 ODU2e 的非汇聚业务配置过程。

**1. 采用 ODU2 标准模式传输 STM-64 业务**

（1）设置网元 9-100 的业务参数

对于本次 ODU2 非汇聚业务，客户侧业务设置从网元 9-100 的 F7TTA-4 号接口；线路板为 14-Z8NQ2，波道选择 78λ（ODU2 业务会占用整个波道的带宽，即单波 10Gbit/s）。

（2）设置支路板端口工作模式

单击"配置"下的"工作模式"，设置支路板 F7TTA 单板的端口 4 工作模式为 ODU2 非汇聚模式，如图 3-21 所示。

（3）配置 WDM 接口的业务类型

和前面的方法一样，这里将支路板 F7TTA 的第 4 个端口的业务类型设置为"STM-64"，如图 3-22 所示。

图 3-21　设置端口工作模式

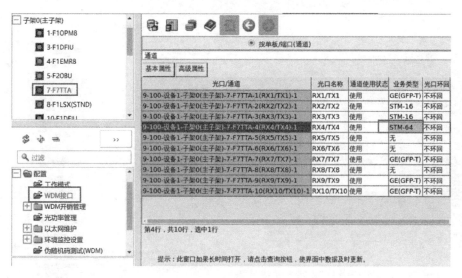

图 3-22　设置端口业务类型

（4）新建交叉连接

1）回到网元级别环境，单击左侧"分组配置"下的"WDM业务管理"，在弹出的界面中单击"新建"按钮，如图 3-23 所示。

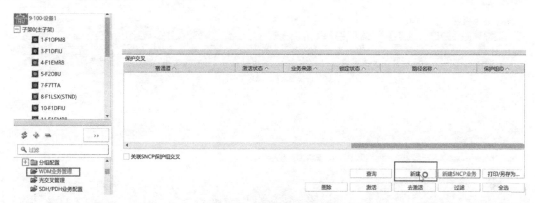

图 3-23　新建交叉连接

2）选择正确的级别、源、宿、所用波道、业务方向等，完成支路板到线路板的板间交叉。本例中，业务级别为 ODU2，源为 F7TTA 的第 4 个端口，宿线路板位于 14 号槽位，波道为 78λ，如图 3-24 所示。

3）从图 3-24 可以看到，宿光口使用了 78λ 整个波道，其总容量为 ODU2（10Gbit/s），这一路 STM-64 业务完全占用了该波道的容量。

（5）配置网元 9-101 上的 ODU2 非汇聚业务

业务规划如下：支路板使用 F7TTA-4 号接口；线路板为 13-Z8NQ2，波道需同样使用 78λ，配置步骤和方法与网元 9-100 上的完全相同，即依次配置支路单板接口工作模式、WDM 接口模式，在网元级别进行新建 ODU2 业务的板间交叉，这里不再重复。

（6）业务路径搜索与管理

1）完成两个网元的配置后，进行 WDM 路径搜索和管理（先搜索，后管理），如图 3-25 所示。

图 3-24　支路板到线路板的交叉

图 3-25　WDM 业务路径搜索

2）共搜索到业务路径两条：ODU2 和 Client，其中 Client 业务为 STM-64，如图 3-26 所示。

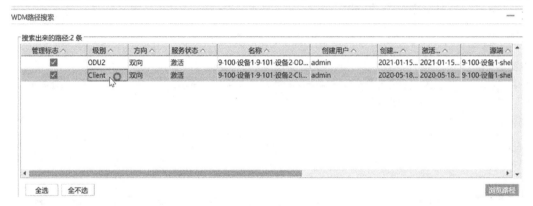

图 3-26　搜索到的业务路径

到此，标准的 ODU2 非汇聚业务完成。

如果要删除某条业务，只需在网元管理的交叉连接配置界面中选中该业务，激活后再进行删除即可。

**2. 采用 ODU2e 模式传输 10GE LAN 业务**

删除刚配置的 STM-64 业务，仍然采用支路板的第 4 个端口传输 10GE LAN 业务（全比特封装模式，即 ODU2e 模式）。支路板为 F7TTA-4 号接口，线路板为 14-Z8NQ2，波道同样使用 78λ。

（1）设置支路板端口工作模式

在网元 9-100 子架下，选择支路板 F7TTA，将其端口 4 的工作模式设置为 ODU2 非汇聚模式，如图 3-27 所示。

图 3-27 设置支路板端口工作模式

（2）配置 WDM 接口的业务类型

单击"WDM 接口"，将支路板的第 4 个端口业务类型设置为 10GE LAN，注意端口业务映射类型选择"Bit 透明映射（11.1G）"，即 ODU2e 模式，如图 3-28 所示。

图 3-28 设置支路板端口业务类型

（3）设置线路板所用波道的速率

与前面标准的 ODU2 非汇聚业务配置不同，这里要将 14 号位置线路板所用的波道 78λ 配置为"提速模式"，否则在配置业务交叉时会提示线路速率错误，如图 3-29 所示。

图 3-29　设置线路板端口速率

注意：

在提速模式下，该波道不能承载 ODU2 标准业务，也不能承载 ODU0 和 ODU1 业务，这一点要特别注意。

（4）新建交叉连接

1）在网元级别下，单击网元 9-100 下方左侧"分组配置"下的"WDM 业务管理"，在弹出的界面中单击"新建"按钮，如图 3-30 所示。

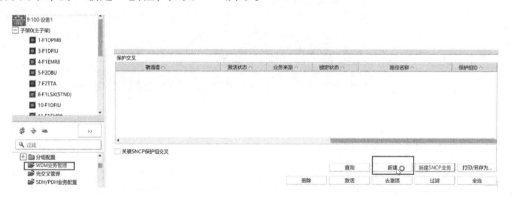

图 3-30　新建交叉连接

2）选择正确的级别、源、宿、所用波道、业务方向等。本例中级别为 ODU2，源为 F7TTA 的第 4 个端口，发往的宿线路板位于 14 号槽位，波道为 78λ，如图 3-31 所示。

从图 3-31 可以看到，宿光口占用 78λ，其总体容量为 ODU2（10Gbit/s），这一路 10GE LAN 业务完全占用了该波道的容量。

网元 9-101 的支路板采用 F7TTA-4 号接口，线路板采用 13-Z8NQ2，波道 78λ。配置步骤和方法和网元 9-100 上的完全相同，这里不再重复。

注意：

网元 9-101 的线路板时隙 78λ，在配置为 10GE LAN 业务的全比特封装时，同样需要设置为"提速模式"。

（5）业务搜索与管理

两个网元的配置完成后，进行 WDM 路径搜索和管理，如图 3-32 所示。

可以看到，搜索到路径同样有两条：ODU2 和 Client，其中 Client 业务类型为 10GE LAN，如图 3-33 所示。

至此，ODU2e 业务配置完成。

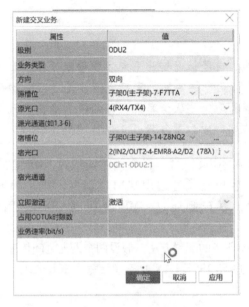

图 3-31　板间交叉配置

图 3-32　WDM 业务路径搜索

图 3-33　搜索到的业务路径

### 3.1.4　ODUflex 非汇聚业务配置

#### 1. ODUflex 相关概念及情景引入

在 OTN 中，ODU 定义为将客户端信号从网络入口传送到出口的传输容器。ODU 提供一个有效负荷区给客户端数据及性能监控和故障管理。一个 ODU 的有效负荷区可以包含单个非 OTN 信号或多个更低速率的 ODU 信号作为客户端。

3.1.4
ODUflex 非汇聚
业务配置

在 2009 年 12 月国际电信联盟（ITU）发布的第三版 G.709 标准之前，很少有定义支持主要的像 STM-16/64/256 和 1/10/100G 以太网的非 OTN 客户侧信号的 ODU 速率，也没有定义来支持较低速率的 ODU 到更高速率的复用。为了确保 OTN 在载波网络的持续有效性，很多其他的非 OTN 客户侧信号如光纤通道和视频信号及可变速率数据包流的传输也被检验过。当前的 ODU 速率不能支持这些新客户端信号的传输，但也没必要为每一个新客户侧信号定义一个新的固定速率 ODU 类型。因此，一个速率灵活可变的 ODU 或者说 ODUflex 概念，便在固定速率传输层的第三版 G.709 标准中应运而生。

ODUflex 和 ODUk（k＝0，1，2，2e，3，4）构成了支撑多业务的低阶传送通道，能够覆盖 0~104G 范围内的所有业务。ODUk（k＝0，1，2，2e，3，4）基于主流的以太网及 SDH 业务定义，能够为主流业务提供最优的带宽利用率；而 ODUflex 为其他业务的传送提供有益补充，能够实现一些非主流业务。

### 小贴士

非主流业务如果采用标准 ODUk 方式进行承载，会降低通信效率或浪费带宽资源，因此应该从实际出发，选择合适的传输方式。"实事求是"是了解实际、掌握实情，是进行一切科学决策所必需的也是唯一可靠的前提和基础。"实事求是"是认识客观规律的根本途径，只有遵循实事求是的规律性，一步一个脚印前行，才能在实践中积累经验，并进行理论升华。

需要注意的是，只有 CBR 客户端速率大于 2.488Gbit/s 时，客户侧才能通过 BMP 方式映射到 ODUflex。客户侧速率低于 1.244Gbit/s 时，客户侧通过通用映射过程（GMP）映射到 ODU0。而客户侧速率为 1.244 ~ 2.488Gbit/s 时，客户侧通过 GMP 映射到 ODU1。因而，ODUflex（CBR）可有任何大于 ODU1 的速率。

本次实训以网元 9-100 到 9-101 为例讲解 ODUflex 业务的配置方法。假设两个网元之间传输两路业务，分别为 1 路 FC-400 业务（带宽为 4.25Gbit/s）＋1 路 10GE LAN 业务（带宽为 5Gbit/s）。

**2. ODUflex 业务配置**

（1）网元 9-100 的业务规划

本实训需要完成两路业务的封装，因此需要两个支路板接口，这里选用 F7TTA-5 端口 5 接入客户侧 FC-400 业务，F7TTA 单板的端口 6 接入客户侧 10GE LAN 业务；线路板采用 14-Z8NQ2，波道使用 74λ。

（2）设置 FC-400 业务使用的支路板端口工作模式

单击"配置"下的"工作模式"，配置支路板 F7TTA 的端口 5 工作模式为 ODUflex 非汇聚模式，如图 3-34 所示。

图 3-34　设置 FC-400 业务的支路端口工作模式

配置"WDM 接口"的业务类型，如图 3-35 所示。

（3）配置交叉连接

回到网元级别环境，单击左侧"分组配置"下的"WDM 业务管理"，在弹出的界面中单

图 3-35  配置 WDM 接口业务类型

击"新建"按钮,如图 3-36 所示。

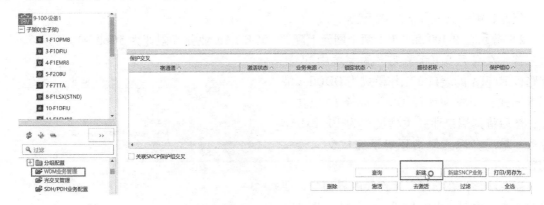

图 3-36  新建交叉连接界面

在弹出的页面中,按照图 3-37 所示选择参数。

可以看到,FC-400 占用了 4 个时隙,其带宽为 4.25Gbit/s,单击"确定"完成配置。

(4)网元 9-101 的配置

由于采用的是单站法配置,因此同样需要在网元 9-101 上配置 FC-400 汇聚业务,其业务规划为:支路板为 F7TTA 单板的端口 5;线路板采用 13-Z8NQ2,波道 74λ;配置步骤和方法与网元 9-100 上的完全相同,即依次配置支路单板接口工作模式、WDM 接口模式,在网元级别下进行新建 ODUflex 业务交叉,这里不再重复。

(5)业务路径搜索与管理

1)两个网元的配置完成后,进行 WDM 路径搜索和管理。如图 3-38 所示,搜索到的路径有三条:一条 ODU2、一条 ODUflex 和一条 FC-400 Client 业

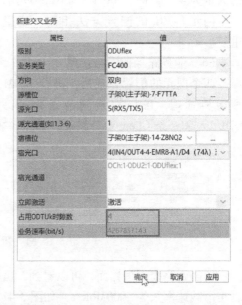

图 3-37  FC-400 业务的交叉连接参数

务。在路径管理中，可以看到 FC-400 业务的速率为 4.25Gbit/s。

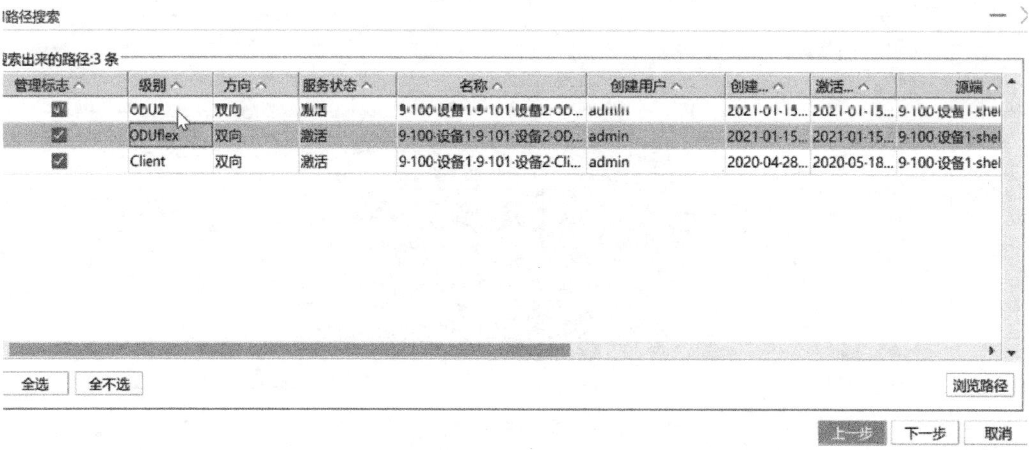

图 3-38　业务搜索结果

至此，第一条业务 FC-400 配置完成。

2）分别在 9-100 和 9-101 两个网元上配置 10GE LAN 业务（限速为 5Gbit/s）。

首先在网元 9-100 子架下的菜单中配置，支路板 F7TTA 的端口 6 工作模式为 ODUflex 非汇聚模式，步骤和前面 ODUk 业务的配置一样；然后将其端口业务类型设置为 10GE LAN 业务；最后在网元级别环境下完成交叉连接配置。

需要注意：在新建交叉连接的界面中，要将业务类型设置为 PACKET，且占用的 ODTUk 的数量为 4 个，即 5Gbit/s，如图 3-39 所示。

网元 9-101 的配置方法相同，这里不再重复。

（6）业务路径搜索与管理

两个网元的配置完成后，进行 WDM 路径搜索和管理，可以搜索到两条路径：一条 ODUflex 和一条 Client 业务路径，如图 3-40 所示。

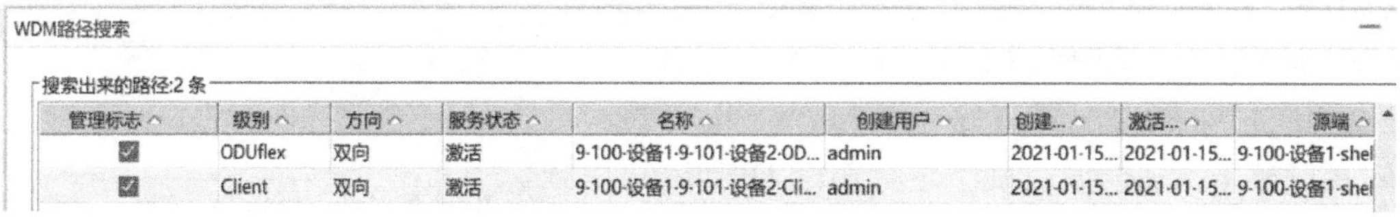

图 3-39　10GE LAN 业务的交叉连接参数

图 3-40　搜索到的业务路径

切换到路径管理界面，可以看到，虽然 Client 业务仍然为 10GE LAN 业务，但其服务层的真实承载速率只为 5000Mbit/s，如图 3-41 所示。

| | 监控 | 配置 | 业务 | 维护 | 资源 | 系统 | 安全 | | | | Q | ☆ admin | ⑦ |

| [9-100-设备1-网元管理... × | WDM路径管理 - [主窗口] × | WDM路径管理 - [路径: ... × |
| LLDP源信息 | LLDP宿信息 | 承载速率(Mbit/s) ∧ | 速率 ∧ | 业务类型 ∧ | 客户 ∧ | 创建用户 |
| --- | --- | --- | --- | --- | --- | --- |
| | | 5000 | PACKET | | | admin |
| | | 10000 | 10GE LAN | | | admin |

图 3-41　查看业务承载速率

至此，通过 ODUflex 非汇聚业务模式配置 10GE LAN 业务完成。

### 3.1.5　习题

**一、填空题**

1. 通常，承载 GE 业务可以用_____进行业务封装，用_____封装 STM-16 业务。

2. 华为 OptiX OSN 1800 V 型 OTN 设备单波支持业务的最大带宽为_____。

3. ODU2e 主要用来传递_____业务，在这种情况下，需要将线路板对应的接口速率模式设置为_____模式。

4. 承载非标准业务可以用_____模式，这样可以提高信道的利用率。

5. 汇聚业务在配置交叉时，包括_____交叉和_____交叉。

6. 当 CBR 客户端速率大于 2.488Gbit/s 时，客户端通过 BMP 方式映射到_____；客户端速率低于 1.244Gbit/s 时，客户端通过通用映射过程（GMP）映射到_____；而客户端速率为 1.244~2.488Gbit/s 时，客户端通过 GMP 映射到_____。

**二、实操题**

如图 3-42 所示，三个 OSN 1800 V 型 OTN 设备组成环形网，要求：

1. 在网元 A 和网元 C 之间传输一路 GE 业务、一路 STM-4 业务，以及一路 STM-16 业务，三条业务选择同一个波道进行承载。

2. 在网元 A 和网元 B 之间传输一路 10GE LAN 业务，波分侧速率要求为 5Gbit/s。

3. 在网元 B 和网元 C 之间传输一路 FE 业务和一路 STM-1 业务，通过 ODU1 汇聚模式实现。

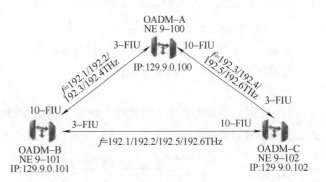

图 3-42　环形网示意图

---

## 任务 3.2　ODUk 汇聚业务配置

**任务描述**

ODUk 汇聚业务在非汇聚业务基础上提供了更多业务映射的方式，避免了小颗粒业务采用一对一非汇聚业务配置时造成的资源浪费。例如 FE 业务的速率远低于 1.25Gbit/s，如果采用一对一非汇聚业务配置的方式则有大量资源空闲，可采用多个 FE 业务汇聚到一个端口的方式最大限度地利用资源。

华为 OptiX OSN 1800 V 型设备支持 ODU0、ODU1、ODU2 级别的汇聚业务传送，可以将 STM-1、STM-4、STM-16、STM-64、GE、FE、10GE、FC-200、FC-400 等客户侧信号进行封装与传送。

本次任务主要根据图 3-1，某地构建的三个站点的环形光传输网络基础上，帮助工程师规划 ODU1 汇聚业务配置方案，完成网元 9-100 到 9-101 一路 STM-4 业务和一路 FE 业务的 ODU1 汇聚业务配置。

任务目标

- 掌握在华为 OptiX OSN 1800 V 型设备上配置 ODU1 汇聚业务的方法。
- 了解使用路径法配置 ODUk 汇聚业务。

## 3.2.1　OTUk 汇聚业务应用介绍

OTN 的业务配置实际上是将一个 ODUk 信号切割为多个时隙，每个时隙的带宽为 155Mbit/s，客户侧业务按照 155Mbit/s 大小被切片处理后，映射到 ODUk 信号，可以实现多路低速率业务汇聚到一路 ODUk 信号中，提高带宽的利用。例如 GE 业务占用 7 个时隙，STM-4 业务占用 4 个时隙，FC-100 占用 6 个时隙，FC-200 业务占用 12 个时隙，FC-400 占用 24 个时隙等。

当使用时隙方式时，支持将多路低于 2.5Gbit/s 速率的业务汇聚到一个 ODU1，实现多路业务共享 ODU1 的带宽（ODU1 汇聚业务）。

本实训将规划 ODU1 汇聚业务配置方案，并完成将多个低速小颗粒业务汇聚到一个 ODU1 端口中的配置，分别以 4 路业务（2 路 STM-4 业务+2 路 FE 业务）为例，讲解网元 9-100 和 9-101 之间 ODU1 的汇聚业务配置方法（单站法）。

## 3.2.2　实训：ODU1 汇聚业务配置

**1. 网元 9-100 的规划**

支路板：F7TTA1 号和 2 号接口：STM-4 业务；F7TTA3 号和 4 号接口：FE 业务。

线路板：14-Z8NQ2 的 1 号端口。

**2. 配置过程**

1) 在网元 9-100 子架下的菜单，配置支路板 F7TTA 的端口 1~4 工作模式为 ODU1 汇聚模式，如图 3-43 所示。

图 3-43　工作模式配置

2) 配置 WDM 接口的业务类型，如图 3-44 所示。

3) 回到网元级别环境，单击左侧菜单下的 "WDM 业务管理"，在弹出的界面中单击 "新

图 3-44　WDM 接口的业务类型配置

建"按钮,如图 3-45 所示。

图 3-45　WDM 业务管理配置

4)将 4 个支路业务形成一个汇聚组,即板内交叉。在本例中,先把第一个支路口交叉(宿光口)接入到汇聚组 201(ConvGroup1),宿光通道占用第一个时隙,如图 3-46 所示。

5)继续将第二个支路口接入到汇聚组 201(ConvGroup1),宿光通道占用第二个时隙,如图 3-47 所示。

6)用同样的方法将第 3 个和第 4 个支路口接入到汇聚组 201(ConvGroup1),宿光通道占用第 3 和 4 个时隙。

7)配置汇聚组到线路板的交叉(板间交叉),如图 3-48 所示。

图 3-46　汇聚组配置 1

这里，"级别"选择 ODU1，"源光口"变成了 201（ConvGroup1），汇聚组"宿光口"用的是 80λ。

图 3-47　汇聚组配置 2

图 3-48　汇聚组到线路板的交叉

单击"确定"按钮完成配置。

8）因为采用的是单站法，所以还需要在网元 9-101 上配置 ODU1 汇聚业务，业务规划如下：

支路板 F7TTA（1~4）号接口；线路板 13-Z8NQ2，波道 80λ。

配置步骤和方法与网元 9-100 上的完全相同，即依次配置支路单板接口工作模式、WDM 接口模式，将 4 个支路口汇聚成一个汇聚组（板内交叉），回到网元级别进行新建 ODU1 业务交叉（板间交叉），这里不再重复。

9）两个网元的配置完成后，进行 WDM 路径搜索和管理（先搜索，后管理），如图 3-49 所示。

10）搜索到路径 9 条：1 条双向 ODU1 和 8 条单向 Client（软件版本的问题），如图 3-50 所示。

11）通过查看汇聚组的信号流图，依然可以看到是双向业务，如图 3-51 所示。

至此，ODU1 汇聚业务配置完成。

图 3-49　WDM 路径搜索和管理

图 3-50  WDM 路径搜索和管理界面

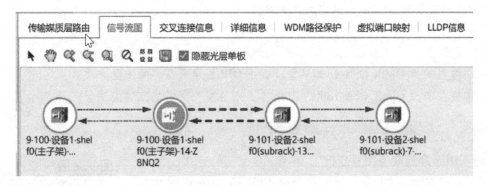

图 3-51  信号流图

⭐ 小贴士

　　工程设计要讲究合理性，避免不必要的资源浪费，例如可以用 ODU1 汇聚业务完成，就不必非要用 ODU1 非汇聚一对一进行封装。在工程设计时，既要保证业务以后扩容的资源，也要杜绝浪费，在平时的工作过程中，都要时刻保持这种态度。

## 3.2.3  习题

一、填空题

1. 汇聚业务在配置交叉时，包括_____交叉和_____交叉。

2. FE 业务的速率为_____，STM-4 业务的速率为_____。

二、简答题

1. 写出 ODU1 汇聚业务配置规划与步骤。

2. 业务配置时，什么是板内交叉？什么是板间交叉？

3. OTN 汇聚业务与非汇聚业务有什么不同之处？

## 任务 3.3　OTN 穿通业务配置

**任务描述**

在前面的实训任务中，业务之间的收发都是在物理上直接相连的两个网元之间进行的点到点通信，而在实际的传输网络中，业务通常需要跨越多个网元进行传输。早期的 WDM 系统通过在中间站点增加一套设备和大量跳纤，背靠背完成业务的穿通，OTN 设备的出现使得传输网的组网更加灵活，除了可以灵活地进行波长级的穿通之外，还能像 SDH 一样，通过交叉连接，实现 ODUk 电层业务的穿通，节约网络组建和运维成本。

如图 3-52 所示，某市电力系统建设有一链形 OTN，其中网元 A 需要发送一路 STM-16 业务和一路 STM-64 业务至网元 C，由于网元 A 和网元 C 没有光纤直接相连，请使用 ODUk 业务穿通方式和波长穿通方式分别完成此两路业务的传送。

OTM-A　　　　OADM-B　　　　OTM-C
NE 9-100　　　NE 9-101　　　NE 9-102

图 3-52　ODU1 业务配置组网示意图

**任务目标**

- 掌握在华为 OptiX OSN 1800 V 型设备上 ODUk 穿通业务的配置方法。
- 掌握在华为 OptiX OSN 1800 V 型设备上光层波长穿通的配置方法。

### 3.3.1　实训：ODUk 穿通业务配置

（1）ODUk 穿通业务配置分析

如图 3-53 所示，网元 A 要发送一路 STM-16 业务到网元 C，因此在网元 A 可以采用 ODU1 非汇聚模式进行业务的封装（即本次实训以 ODU1 业务的穿通配置为例），再通过中间的 OADM 网元

3.3.1
实训：ODUk 穿通业务配置

B 对该 ODU1 业务进行电层穿通，即在网元 B 把从网元 A 收到的 ODU1 业务向下接收到对应线路板上，但并不落地到支路板，而是通过交叉连接直接调度到去往网元 C 方向对应的线路板，在电层实现该业务的穿通传输。

👤 **小贴士**

早期的 WDM 系统主要用于点到点的通信组网，其不断发展成就了今天的 OTN。正是由于几代科研工作者的不断探索和努力，我们的社会才不断往前发展。当前是中华民族几千年来最好的发展时期，国家实施的"科教兴国"战略和可持续发展战略，为"振兴中华"注入了强大的动力。我们只有不断进步，努力创新，做出实实在在的成果，才无愧于这个时代，无愧于千百年来中华儿女国富民强的梦想。

（2）业务规划

网元 A：支路板选择 8 号支路端口，工作模式为 ODU1 非汇聚业务，业务类型为 STM-16，发往网元 B 占用 80λ 第一个 ODU1 时隙。

网元 B：将网元 A 发过来的 ODU1 业务下收到 13 号支路板（波道为 80λ），并交叉连接到

发往网元 C 的 14 号线路板（波道选择 72λ）。

网元 C：支路板选择 8 号支路端口，工作模式为 ODU1 非汇聚业务，业务类型为 STM-16，接收来自网元 B 的 ODU1 信号，线路板为 13 号插槽（必须和网元使用的波道对应，为72λ）。

各网元使用的波道规划如图 3-53 所示。可以看到，ODUk 穿通业务配置的关键是在中间网元 B 上完成线路板波道及时隙之间的交叉连接。

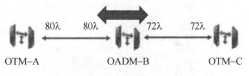

图 3-53　波道穿通规划示意图

（3）ODU1 穿通业务配置步骤

1）将 ODU1 业务从网元 A 发往网元 B。配置方法和前面相同，即将 F7TTA 支路板第 8 个端口工作设置为 ODU1 非汇聚模式，业务类型设置为 STM-16，然后建立支路板到线路板的交叉，本例中线路板的时隙选择为 14 号槽位的 NQ2 线路板 80λ 的第一个 ODU1 时隙。具体操作步骤请参考前面实训任务，这里不再重复。

2）在中间网元 B 上进行线路板之间的交叉连接。因为网元 B 的作用是将网元 A 发往网元 C 的 ODU1 业务进行转发，因此该业务无须落地，如果网元 B 自身没有 ODU1 业务传送，则无须配置支路单板。

在网元 B 的网元级别环境下，单击 "WDM 业务管理"，再单击 "新建" 按钮，如图 3-54 所示。

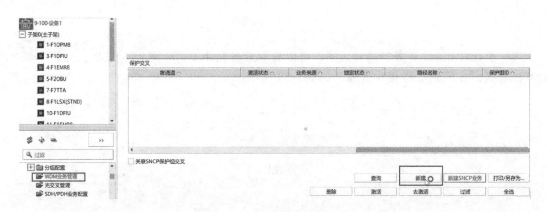

图 3-54　新建交叉连接界面

在弹出的新建交叉连接界面中，将网元 B 收到的来自 13 号槽位线路板 80λ 的第一个 ODU1 时隙，交叉到 14 号槽位线路板（去往网元 C）的 72λ 的第一个 ODU1 时隙，如图 3-55 所示。

3）网元 C 落地接收该 ODU1 业务。配置方法和前面的点到点业务配置相同，这里规划将该 ODU1 业务落地到支路板 FTTTA 的第 8 号端口，因此需配置第 8 号端口的工作模式和业务类型，同时在配置交叉连接时，注意线路板时隙为 13 号槽位线路板 72λ 的第一个 ODU1 时隙，如图 3-56 所示。

4）业务路径搜索与管理。配置完成后，进行 WDM 路径搜索和管理。可以看到，在网元 A 和网元 C 之间，搜索到两条业务路径：一条 ODU1 业务和一条 Client 业务路径，如图 3-57 所示。

图 3-55　网元 B 上线路板之间的交叉配置　　　　图 3-56　网元 C 上的交叉连接

| ID ∧ | 级别 ∧ | 方向 ∧ | 服务状态 ∧ | 告警状态 ∧ | 名称 ∧ |
|---|---|---|---|---|---|
| 0 | ODU1 | 双向 | 激活 | 无告警 | 9-100-设备1-9-102-设备3-ODU1-985 |
| 0 | Client | 双向 | 激活 | 次要 | 9-100-设备1-9-102-设备3-Client-22937 |

图 3-57　业务搜索结果

进一步查看 Client 业务的信号流图，可以看到业务是由 9-100 网元 A 发出，经过 9-101 网元 B 的穿通，在网元 C 被接收落地，如图 3-58 所示。

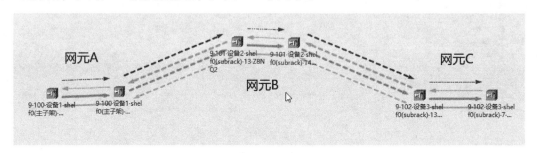

图 3-58　业务信号流图

至此，ODU1 的穿通业务配置完成。

## 3.3.2　实训：波长穿通业务配置

除了在电层进行 ODUk 业务的穿通之外，还可以在光层通过跳纤连接进行波长级别的穿通。例如网元 A 到网元 C 需要发送一路 STM-64 业务，该业务通过支线路合一单板接入并直接转换成波分侧信号，由波道 1554.94nm 承载发往网元 B，网元 B 通过对该波长穿通发往网元 C。下面以并行 FOADM 为例，阐述波长穿通配置步骤。

（1）在网元 A 上添加一块单板 LSX

LSX 是支线路合一单板，无须支路板到线路板的交叉连接，其功能是直接将客户侧的

STM-64 信号转换为波分侧的 OTU2 信号，速率为 10Gbit/s，如图 3-59 所示。

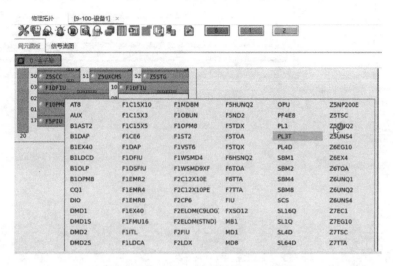

图 3-59　添加支线路合一单板示意图

（2）设置客户侧业务接口类型

在网元 A 上，单击左侧菜单"WDM 接口"，配置 LSX 单板的业务类型为 STM-64，如图 3-60 所示。

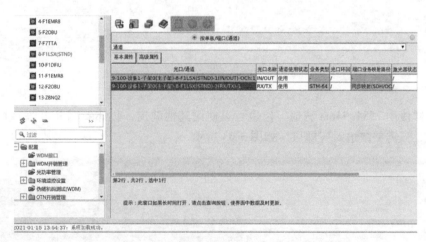

图 3-60　设置客户侧信号业务类型

（3）设置承载信号的波分侧波长

选中网元 A 的 LSX 单板，在"高级属性"选项卡中选择波分侧占用的波长为 1554.94nm，如图 3-61 所示。

（4）连接逻辑光纤

在网元 A 的信号流图中，将 LSX 单板和 4 号槽位的合分波单板 EMR8（发往网元 B）的逻辑光纤连接，如图 3-62 所示。

（5）在网元 B 上进行波长的穿通配置

在网元 B 的信号流图中，将 11 号槽位 EMR8 合分波中的 1554.94nm 波道信号设为源端（网元 A 发送而来），交叉到自身 4 号槽位的 EMR8 合分波板的某个波道（设置为宿端），

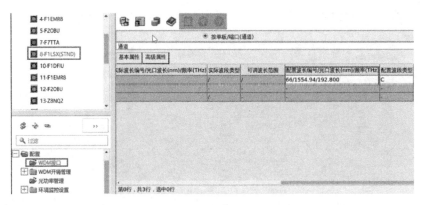

图 3-61　设置波分侧波长

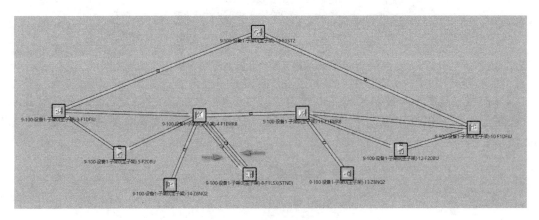

图 3-62　逻辑光纤的连接

这里宿端同样使用 1554.94nm 波道，但也可以使用其他波道，具体看网元 B 发往网元 C 用的是什么波道，只需要波道对应即可，如图 3-63 所示。

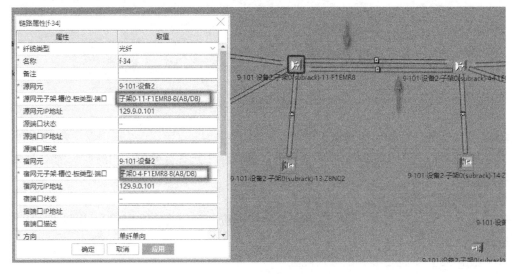

图 3-63　波长穿通配置

💡 **注意:**

在 FOADM 网元完成波长的穿通，除了将逻辑光纤正确完成跳纤连接外，还需要在设备上将对应的物理光纤进行连接。

♟ **小贴士**

在通信工程实施过程中，如跳纤时，要注意光纤连接是否正确，做好光纤连接头的保护和清洁，并按照规范进行标签纸的粘贴，践行大国工匠精神。所谓工匠精神，是指不仅要具有高超的技艺和精湛的技能，而且要有严谨、细致、专注、负责的工作态度和精雕细琢、精益求精的工作理念，以及对职业的认同感、责任感、荣誉感和使命感。

（6）完成网元 C 的配置

网元 C 的配置和网元 A 相同，包括添加 LSX 单板，设置客户侧业务类型、合分波板所使用的波道和逻辑光纤的连接。

由于支线路合一单板不需要支线路之间进行交叉连接配置，至此，波长的穿通完成。

（7）业务路径搜索与管理

对业务进行 WDM 路径搜索，有 4 条业务路径，如图 3-64 所示。

| 管理标志 ∧ | 级别 ∧ | 方向 ∧ | 服务状态 ∧ | 名称 ∧ | 创建用户 ∧ | 创建... ∧ | 激活... ∧ | 源端 ∧ |
|---|---|---|---|---|---|---|---|---|
| ☑ | OCh | 双向 | 激活 | 9-100-设备1-9-102-设备3-OC... | admin | 2021-01-15... | 2021-01-15... | 9-100-设备1-shel |
| ☑ | OTU2 | 双向 | 激活 | 9-100-设备1-9-102-设备3-OT... | admin | 2021-01-15... | 2021-01-15... | 9-100-设备1-shel |
| ☑ | ODU2 | 双向 | 激活 | 9-102-设备3-9-100-设备1-OD... | admin | 2021-01-15... | 2021-01-15... | 9-102-设备3-shel |
| ☑ | Client | 双向 | 激活 | 9-100-设备1-9-102-设备3-Cli... | admin | 2021-01-15... | 2021-01-15... | 9-100-设备1-shel |

WDM路径搜索

搜索出来的路径:4 条

图 3-64 业务路径搜索结果

可以看到，虽然没有配置支线路单板之间的交叉连接，但对于支线路合一单板的业务，同样生成了 ODU2 和 OCh 路径。

进一步查看客户业务的信号流图，可以看到在网元 B 的合分波单板上完成的本次业务波长穿通，如图 3-65 所示。

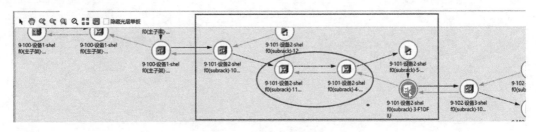

图 3-65 波长穿通信号流图

至此，波长穿通业务配置完成。

### 3.3.3　习题

一、填空题

1. 如果 OADM 网元需要转发某 ODUk 业务，此时不需要配置＿＿＿＿＿＿单板。

2. OSN 1800 V型设备可以支持＿＿＿＿＿＿业务速率之下的业务穿通。

3. 要完成 ODUk 业务的穿通，中间网元 OADM 其实是完成＿＿＿＿＿＿到＿＿＿＿＿＿的交叉调度。

4. LSX 是＿＿＿＿＿＿单板，其功能是＿＿＿＿＿＿。

二、实操题

如图 3-66 所示，3 个 OSN 1800 V型 OTN 设备组成一个环形网，要求：

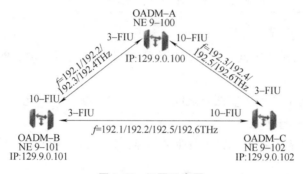

图 3-66　组网示意图

1）在网元 A 和网元 C 之间传输一路 GE 业务、一路 STM-16 业务，传输路径必经过网元 B，通过配置 ODUk 穿通业务实现。

2）在网元 A 和网元 C 之间传输一路 STM-64 业务，传输路径必经过网元 B，要求通过波长穿通实现。

# OTN 运行与维护

万物互联，承载现行。OTN 是移动通信网、广播电视网、互联网、电力网等等网络业务应用的基石，但是任何事与物都有它的不足之处，OTN 也是如此，也会有安全隐患和故障的存在。及时高效的 OTN 运行维护是确保 OTN 可靠、稳定、安全运行的前提和基础，更是保障工农业生产及经济发展的基石，因此，OTN 的运行与维护是日常生产的重中之重。

 **项目目标**

- 理解 OTN 保护概念及光线路保护原理。
- 理解 OTN 板内与客户侧 1+1 保护机理。
- 熟悉 OTN 故障定位思路与处理方法。
- 能够完成光纤的熔接操作。
- 能够完成 OTN 设备侧与网管侧日常维护操作。

 **知识导引**

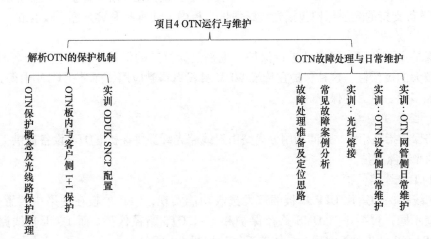

## 任务 4.1　解析 OTN 的保护机制

**任务描述**

OTN 产品可以提供各种保护，提高传输过程的稳定性和安全性。与传统的光传输产品相比，OTN 不仅有对单板的保护，也有对业务的保护。总的来说，OTN 保护分为三大类：一是设备级保护，包含对电源进行备份和对单板的保护；二是光层保护，包含光线路保护、板内 1+1 保护和客户侧 1+1 保护；三是电层保护，包含 ODUk SNCP（Subnetwork Connection Protection，子网连接保护）和 SW SNCP 等。而电层保护是 OTN 的一个革新，也是传统光传输设备所没有的。

本任务主要详细讲解光层业务保护原理，同时在图 3-1 所示的三个站点的环形 OTN 的基础上，完成 ODUk SNCP 的实训配置，同时设置工作路径故障，完成保护倒换及恢复的过程。

**任务目标**

- 了解 OTN 产品的各种保护类型。
- 熟悉 OTN 业务光层保护的原理。
- 掌握在华为 OptiX OSN 1800 V 型设备上配置 ODUk SNCP 的方法。

### 4.1.1 OTN 保护概念及光线路保护原理

**1. OTN 保护概念**

相对于传统 WDM，OTN 有了更有效的监视能力——OAM 和网络生存性能力，主要原因是 OTN 具有更有效的网络保护功能，使得传输网络更加稳定和安全，恢复性也更好。与传统传输网络相比，OTN 引入并加强了多层保护，主要包括如下内容。

4.1.1
OTN 保护概念及
光线路保护原理

（1）设备级保护

设备级保护主要停留在硬件保护阶段，属于比较低端的保护。OTN 设备支持的设备级保护有电源备份、风扇冗余、交叉板备份、系统控制通信板备份、时钟板备份等。

（2）光层保护

光层保护指利用 OLP（DCP 或者 SCS）单板双发选收功能实现的保护，是业务级别的保护。目前 OTN 设备支持的光层保护包括光线路保护、板内 1+1 保护和客户侧 1+1 保护。

（3）电层保护

电层保护主要利用电层交叉进行保护，也是最为复杂的保护，可以应用于各种形式的组网，具有较大的灵活性。这种保护在传统 WDM 并没有得到应用，而是在 OTN 中得到发展，也提供了更加多元、可靠的保护。

**2. 光线路保护原理**

光线路保护指在相邻站点间利用分离路由对线路光纤提供保护。OTN 设备提供 1+1 和 1:1 两种类型的光线路保护。

（1）1+1 光线路保护

1+1 光线路保护运用 OLP 单板的双发选收功能实现，OLP 单板在网络中放置位置不同，保护的段就不同，包括 1+1 OMS 路径保护和 1+1 OTS 路径保护。而 1:1 光线路保护使用 OLSP/OLSPA/OLSPB 单板实现。具体单板外观如图 4-1 所示。

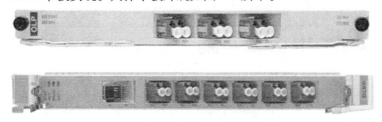

图 4-1　OLP 单板和 OLSP 单板外观

1+1 光线路保护的原理如图 4-2 所示，OLP 单板的 RI1/TO1 光口对应工作线路光纤，RI2/TO2 光口对应保护线路光纤，倒换的实现依据光功率完成。

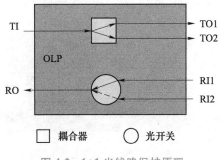

图 4-2　1+1 光线路保护原理

1+1 光线路保护常见的应用场景为点到点和链形组网，如图 4-3 所示。OLP 单板用于对线路光纤进行保护。光线路保护的范围为线路光纤，即从源 OLP 单板双发，到宿 OLP 单板选收之间的光纤。

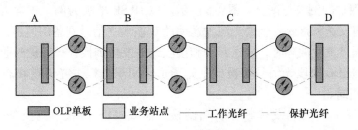

图 4-3　1+1 光线路保护应用场景

因光线路保护是在相邻站点间利用分离路由的光纤提供保护，所以只有在链形组网中，光线路保护才有意义。对环形组网，站点间的业务可利用环形网本身的不同路由进行保护，因此一般不会使用光线路保护。

光线路保护是分段进行的，如 AB 间断纤，只会触发 AB 间的 OLP 倒换，不会引发下游 BC、CD 站点间 OLP 的倒换。站点间则使用分离路由。

OLP 配置于各站点的出站光纤前或放大器与合波分波板之间。

1+1 光线路保护采用双发选收、单端/双端倒换，默认为非恢复式（倒换模式包括恢复式和非恢复式）。"恢复"是指工作通道恢复正常后，业务自动切换回工作通道；"非恢复"是指工作通道恢复正常后，业务不会自动切换回工作通道。光线路保护默认非恢复式，可以使用网管设置。倒换过程如图 4-4 所示。

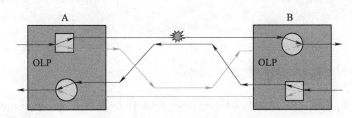

图 4-4　1+1 光线路保护倒换过程

1+1 光线路保护可以根据需要将倒换模式配置为单端倒换或者双端倒换。当倒换模式配置为单端倒换时不需要 APS 协议，倒换模式配置为双端倒换时需要 APS 协议。倒换条件包括信号失效（SF）和信号劣化（SD）。

（2）1∶1 光线路保护

1∶1 光线路保护主要利用 OLSP 单板选发选收功能，同时在主光通道和备用通道收发信号，实现对主光通道业务的保护。如图 4-5 所示，OLSP 单板的 RI1/TO1 光口对应工作线路光纤，RI2/TO2 光口对应保护线路光纤，倒换的实现依据光功率完成。

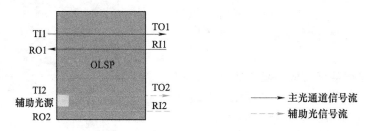

图 4-5　1∶1 光线路保护原理

1∶1 光线路保护的倒换与恢复如图 4-6 所示。以 OLSP 单板为例，正常情况下，被保护的业务通过主光通道发送和接收，辅助光源发送辅助 C 波段光信号到备用通道，用于监视备用通道状态。当主光通道发生故障时，发送开关和接收开关发生倒换，被保护的业务会切换到备用通道传输，辅助通道 C 波段光信号切换到主光通道，用于监视主光通道状态。OLSP/OLSPA/OLSPB 保护原理相同。

1∶1 光线路保护采用选发选收、双端倒换，需要 APS 协议。倒换条件一般为信号失效（SF）。

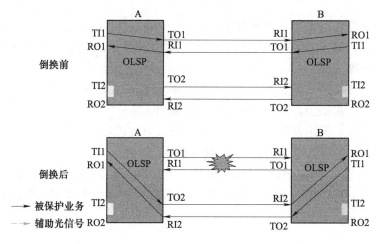

图 4-6　1∶1 光线路保护的倒换与恢复

### 4.1.2　OTN 板内与客户侧 1+1 保护

在光线路保护的基础上，光层保护还有板内 1+1 保护和客户侧 1+1 保护。

**1. 板内 1+1 保护**

如图 4-7 所示，板内 1+1 保护分为 OTU 波分侧双发选收和 OTU 波分侧配合 OLP 双发选收两种方式。双发选收表示发送时工作和保护路径同时发出，而在接收时只选择一路接收，一般选择工作路径，在工作路径失效时选择保护路径。

主、备通道可通过软件设置，一般选择路径短、线路衰耗小的为主用通道。

对于 OTU 双发选收方式，可设置为恢复式或非恢复式，默认为非恢复式；对于 OTU 配合

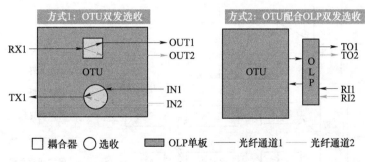

图 4-7　板内 1+1 保护的两种方式

OLP 双发选收方式，只能为非恢复式。

板内 1+1 保护可以应用于链形组网和环形组网，如图 4-8 所示。

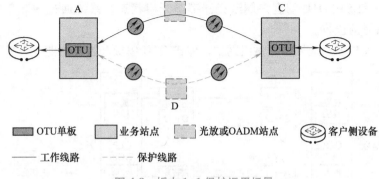

图 4-8　板内 1+1 保护运用场景

当用于链形组网时，板内 1+1 保护和光线路保护类似，需要在相邻站点间提供分离路由。

当用于环形网时，板内 1+1 保护利用环形网上分离的路径进行保护，即业务随顺时针、逆时针方向在环上传送，最终到达目的节点。

板内 1+1 保护的范围为 OCH 路径上的光纤，即从源 OTU 单板双发，到宿 OTU 单板选收之间的光纤，但无法保护 OTU 单板。

板内 1+1 保护的倒换与恢复一般采用双发选收、单端倒换，并默认为非恢复式。如图 4-9 所示，当发送的工作路径失效时，会立即倒换至保护路径。但接收的路径不会倒换，且工作路径恢复后发送路径也不会自动倒换回去。

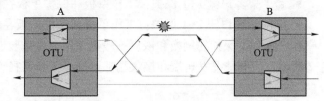

图 4-9　板内 1+1 保护的倒换与恢复

### 2. 客户侧 1+1 保护

客户侧 1+1 保护如图 4-10 所示，这种保护主要是通过运用 SCS/OLP/DCP 的双发选收功能，在 OTU 线路侧故障、单板故障和子架故障情况下对业务进行保护。一般把保护功能单板放于 OTU 类单板或者支路板之前，即客户侧，所以把它称为客户侧 1+1 保护。其可以分为无集中交叉配置和带集中交叉配置两种方式。

通过 SCS 单板或 OLP/DCP 单板实现的客户侧 1+1 机理不同：当使用 SCS 单板时，系统通

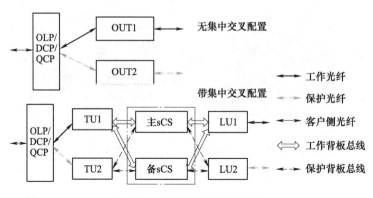

图 4-10　客户侧 1+1 保护原理

过打开或关闭工作 OTU 或备用 OTU 的客户侧激光器实现信号的选收；当使用 OLP 或 DCP 单板时，工作 OTU 和备用 OTU 的客户侧激光器都是开启状态，系统通过 SCS 单板控制 OLP 或 DCP 单板实现信号的选收。

客户侧 1+1 保护可以应用于任意组网中，保护 OTU 单板和客户侧业务，如图 4-11 所示。

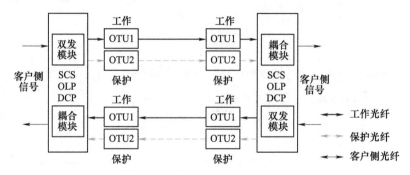

图 4-11　客户侧 1+1 保护组网与应用

客户侧 1+1 保护包含以下三种保护场景：

- 同子架客户侧 1+1 保护：工作单板和保护单板在同一子架。
- 跨子架客户侧 1+1 保护：工作单板和保护单板在同一网元不同子架。
- 跨网元客户侧 1+1 保护：工作单板和保护单板在同一网元不同子架。

客户侧 1+1 保护的倒换和恢复一般也采用双发选收、单端倒换，并默认为非恢复式。如图 4-12 所示，一般情况发送端和接收端都只选择工作路径，当发送的工作路径失效时，会立即倒

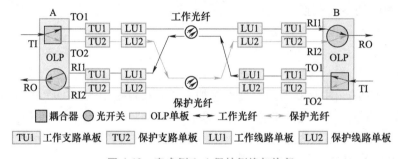

图 4-12　客户侧 1+1 保护倒换与恢复

换至保护路径。但接收的路径不会倒换，且工作路径恢复后发送路径也不会自动倒换回去。接收方向出现工作路径失效时也采用相同的倒换。

⭐ 小贴士

本节了解了几种光层保护的方式，可以看出层层的保护保证了光层业务的安全可靠传输。在实际的工程施工中，也要做到安全可靠层层保护的备用器件、设备设施、网络及实施方案等，才能在意外发生时有补救的措施，才能确保通信网络高效正常运行。

## 4.1.3  实训：ODUk SNCP 配置

本实训内容为完成 ODUk SNCP 的实训配置，同时设置工作路径故障，完成保护倒换。

4.1.3
实训：ODUk
SNCP配置

SNCP 是 ITU-T 建议中的一个保护功能，是一种 1+1 保护方式，采用单端倒换的保护，主要用于对跨子网业务进行保护，具有双发选收的特点。SNCP 与通道保护一样，是基于业务的保护。无站间协议保护，所有的监测倒换动作均由业务发送端完成。SNCP 倒换稳定性高，业务配置灵活，并且比通道保护更加具有优势的一点是，SNCP 配置增大了对网络资源的利用率。其主要保护原理是基于信号的双发选收，使用工作路径和保护路径的概念，可以配置成 1+1 非恢复模式，也可以配置成 1+1 恢复模式。

ODUk 业务的保护主要有 SNCP 和环网保护两大类。

- SNCP 配置简单，不需要倒换协议，倒换时间短，运用灵活，不会影响后期扩波，维护方便，但占用资源较多。
- ODUk 的环网保护配置复杂，需要倒换协议，倒换时间长（50ms 内），保护通道不能配置额外业务，对后期扩波有影响，由于涉及协议，故障定位较难，优点是可达到资源的最大利用。

目前 WDM/OTN 系统主流采用 ODUk 的 SNCP，很少采用 ODUk 的环网保护。

本次任务以网元 A（9-100）到 B（9-101）的 ODU0 业务为例，讲解 ODUk 的 SNCP 配置方法。

工作路径为 A→B，保护路径为 A→C→B。

（1）完成工作路径（A→B）上 ODU0 业务的正常通信

1）配置端口及业务类型。本次实训中，网元 A 和网元 B 都使用 TTA 支路板的第一个端口，业务类型为 ODU0 非汇聚模式，配置方法与前面 ODU0 非汇聚业务配置相同，这里不再重复。

2）回到 9-100 网元环境，单击"WDM 业务管理"，在弹出的界面中单击"新建 SNCP 业务"按钮，如图 4-13 所示（注意与前面业务配置的不同）。

3）在弹出的界面中，设置好相关参数，如图 4-14 所示。

下方的"属性""工作业务"和"保护业务"体现了 SNCP 的双发选收特性，如图 4-15 所示。网元 A 的 14 号线路板为工作路径线路板，直达网元 B；而 13 号为保护线路板去往网元 C，是保护路径。

4）单击"确定"按钮，在业务交叉界面可以看到配置的业务的工作路径和保护路径的信

图 4-13　WDM 业务管理界面

图 4-14　SNCP 业务参数设置

图 4-15　SNCP 业务保护特性

号流程图，如图 4-16 所示。

（2）用同样的方法设置网元 B 的端口和业务类型

1）在网元 B 新建 SNCP 交叉，方法和网元 A 相同，只是注意这里网元 B 的工作线路板位

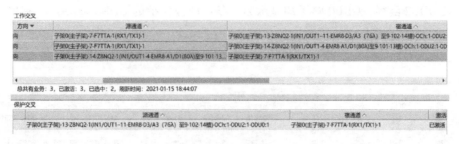

图 4-16　业务交叉界面

于 13 号槽位，接收来自网元 A 的工作路径信号；保护线路板位于 14 号槽位，接收来自网元 C 的保护业务信号，如图 4-17 所示。

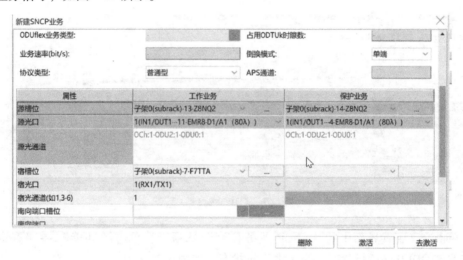

图 4-17　SNCP 业务保护界面

2）单击"确定"，就完成了 ODU0 业务在工作路径上 ODU0 业务的传输配置。

由于保护路径是 A 经过 C 转发到 B，因此需要在网元 C（9-102）配置穿通业务。此时不涉及业务的落地，因此不必配置端口和业务类型。

3）选中网元 9-102，单击左侧"WDM 业务管理"，新建交叉业务，如图 4-18 所示，完成线路板到线路板的交叉，即从网元 C 的 14 号槽位线路板的 76λ（接收自网元 A）转到网元 C 的 13 号槽位线路板的 80λ（发往网元 B）。

这样就完成了保护路径上该业务的创建。

（3）业务搜索

1）进行业务搜索，如图 4-19 所示，可以

图 4-18　交叉业务界面

看出有两条 ODU2 路径，ODU0 路径却显示为一条，即被保护的 ODU0 业务并没有出现在搜索框中。

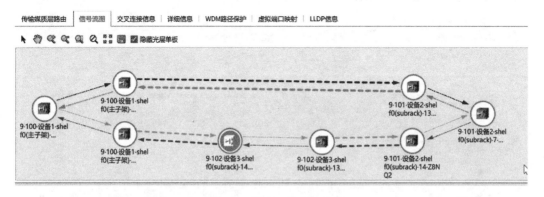

图 4-19　业务搜索界面

2）在路径管理中查看信号流图，如图 4-20 所示，可以很清楚地看到 ODU0 的信号流图。

图 4-20　ODU0 信号流图

3）单击交叉配置界面中的"SNCP 业务控制"选项卡，单击"功能"→"查询倒换状态"，查看该 ODU0 的运行状态，为正常工作状态，如图 4-21 所示。

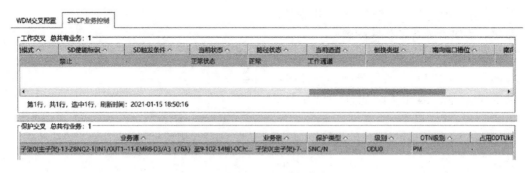

图 4-21　ODU0 运行状态

（4）设置工作路径故障

有两种方法将工作路径设置为故障，一是关闭网元 A 发往网元 B 的光放大器，二是关闭承载该 ODU0 业务的波道，即 80λ 的光信号。

1）这里采用第一种方法，直接关闭网元 A 发往网元 B 的 5 号槽位的光放大器，如图 4-22 所示。

2）由于主路径 A→B 之间故障，信号无法发送，因而在 SNCP 机制下，ODU0 将通过保护

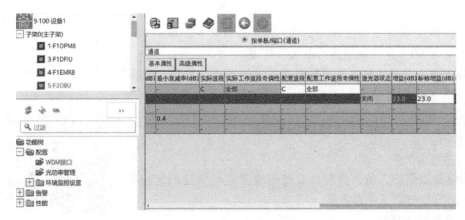

图 4-22　光放大器状态界面

路径 A→C→B 传输，即业务将发生倒换。这在查询倒换状态菜单下可以查出，如图 4-23
所示。

| 当前状态 | 路径状态 | 当前通道 | 倒换模式 |
| --- | --- | --- | --- |
| 正常状态 | 正常 | 工作通道 | 单端 |
| SF倒换 | 正常 | 保护通道 | 单端 |

图 4-23　倒换状态菜单

3）可以看到，网元 B 发生了倒换，网元 A 并不发生倒换，单端倒换，保护业务生效。

### 4.1.4　习题

**一、填空题**

1. 目前 OTN 设备支持的光层保护包括_____、_____和_____。

2. OTN 设备提供_____和_____两种类型的光线路保护。

3. 客户侧 1+1 保护可以分为_____和_____两种方式。

4. 目前 WDM/OTN 系统电层保护主流采用_____。

**二、简答题**

1. 板内 1+1 保护和客户侧 1+1 保护有什么不同之处？

2. 写出 ODUk SNCP 配置规划与步骤。

## 任务 4.2　OTN 故障处理与日常维护

**任务描述**

　　目前，OTN 设备是一种新的传输技术体制，而且当设备出现问题时，故障处理的思路、方法和具体的步骤与传统的 SDH 设备相比较有很多不同的地方。因此，作为设备的维护人员，想要对设备的故障进行快速的定位并且排除，就需要在日常的维护及设备管理工作中熟练掌握一些常见故障的分析及处理方法，对信号流的具体处理步骤更要熟记在心。作为 OTN 设备的管理人员，必须熟悉 OTN 设备的故障，做好日常维护工作，才能确保 OTN 的正常使用。

任务目标

- 能够知道 OTN 设备故障定位思路及定位技巧和方法。
- 能够对 OTN 常见故障进行分析及处理。
- 能够使用光纤熔接工具对断裂光纤进行剥除、切割、熔接等操作。
- 能够完成 OTN 设备侧和网管侧的日常维护查询等。

## 4.2.1 故障处理准备及定位思路

**1. 故障处理准备**

作为设备的维护人员，想要对设备的故障进行快速的定位并 且排除，必须具备以下 4 点要求。

4.2.1
故障处理准备及
定位思路

（1）具备专业技能
- 熟练掌握 WDM 的基本原理。
- 熟练掌握 WDM 系统告警产生的原因和告警信号流产生的原理。
- 熟练掌握常见告警信号的处理。

（2）掌握基本操作
- 掌握传输设备基本操作。
- 掌握网管设备的基本操作。
- 掌握常用测试仪表的基本操作。

（3）熟悉工程组网信息
- 熟悉本工程的组网情况。
- 熟悉各局点的业务配置、波长分配、光纤配线架走线、单板版本和机房设备的摆放。
- 熟悉本局点的设备运行状况。
- 熟悉工程文档并定期维护工程文档。

（4）采集和保存现场数据

一般在进行故障处理前，要求维护人员首先要采集、保存现场数据。

**2. 故障定位的基本原则**

作为设备的维护人员，必须熟知以下 6 个关于故障定位的基本原则。

1）先定位外部，后定位内部。在进行系统的故障定位时，应该首先排除外部设备的问题。这些外部设备问题包括光纤、接入 SDH 设备和掉电等问题。

2）先定位网络，后定位网元。传输设备出现故障时，有时不会只是一个单站出现告警信号，而是在很多单站同时上报告警。这时需要通过分析和判断缩小导致故障的范围，快速、准确地定位是哪个站的问题。

3）先分析高级别告警，后分析低级别告警。在分析告警时，应首先分析高级别的告警，如紧急告警和主要告警；然后分析低级别的告警，如次要告警和提示告警。

4）先分析多波信号告警，后分析单波信号告警。在分析告警时，应先分析是多个波道有问题还是仅单波道信号有问题。多波道信号同时出现故障，问题通常在合波部分，处理了合波部分的故障后，支路信号告警通常会随之消除。

5）先分析双向信号告警，后分析单向信号告警。在分析告警时，若"本站收、对端站发"的方向有告警，需要先检查"对端站收、本站发"的方向是否有类似的故障现象，若双方向都有告警需要先分析处理。

6）**先分析共性告警，后分析个别告警。** 在分析告警时，应先分析是个别问题还是共性问题，确定问题的影响范围。需要确定是一个单板出问题，还是多个单板出现类似问题；对多光口单板，是一个光口有误码还是多个或所有光口都有误码。

**3. 故障定位思路和方法**

故障定位一般有五大常用方法，如图 4-24 所示。对于一般性的硬件故障，一般采用"一分析、二测试、三换板"的方法，具体步骤如下。

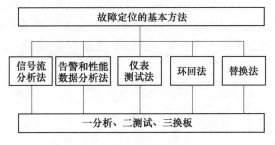

图 4-24 故障定位五大常用方法

1）当故障发生时，首先通过对信号流向、告警事件和性能数据进行分析，初步判断故障点范围。

2）通过逐段测量光功率和分析光谱，排除光纤跳线或光缆故障，并最终将故障定位到单板。

3）通过更换单板或更换光纤，排除故障问题。

接下来分别了解故障定位的五大常用方法。

（1）信号流分析法

信号流分析法通过对出现故障的波分系统的业务流向进行逐点排查，从而实现故障定位，基本步骤如下。

1）将全网划分成若干个 OMS，判断故障的区段。

2）判断故障的出现方向是单向还是双向。

3）根据故障信息，逆着信号流方向从后往前定位。

（2）告警和性能数据分析法

告警和性能数据分析法通过对故障产生时伴随的大量告警和性能数据的分析，可以大概判断出所发生故障的类型和位置。

对于不同的单板，告警的产生、检测、传递有所不同。通过对告警信号流的分析，可以较快地定位到故障点。

获取告警和性能数据的途径包括 U2000 上报的当前告警、历史告警及大量的异常性能事件，设备机柜指示灯和单板指示灯。

（3）仪表测试法

仪表测试法一般用于排除传输设备外部问题及与其他设备的对接问题。WDM 系统常用测试仪表包括光功率计、光谱分析仪、SDH 测试仪、通信信号分析仪等，使用最多的是光功率计和光谱分析仪。

通过仪表测试法分析定位故障，准确性较高，但是对仪表有要求，同时对维护人员的要求也比较高。

虽然从网管上的性能数据中可以得出各点的光功率，但是为了得到精确值，用光功率计再次测量该点光功率也是非常必要的。对于主信号的光功率，可以通过检测"MON"口的输出光功率，进行测试。

用光谱分析仪测试单板的"MON"口输出信号的光谱，直接从仪表上读出光功率、信噪比、中心波长，分析光放大板的增益平坦度。将得到的数据和原始数据比较，检查是否出现比较大的性能劣化。检查项有：单波光功率和平坦度是否正常，信噪比是否符合设计要求，中心波长偏移是否超出指标要求。

当光合波板的输出光功率、光分波板的输入光功率、光放大板的输入和输出光功率异常时，如果断开线路进行测试，将会中断所有业务，所以不到万不得已的情况，不可以随意测试主信号的光功率。

（4）环回法

环回法适用于已知故障的范围，并且不依赖于对大量告警和性能数据的深入分析。注意事项包括：当通过进行合波部分的光路环回来定位故障时，需要确保信噪比、色散和光功率满足 OTU 单板的要求；环回法会中断业务信号。

环回法适合于排除板间故障和线路故障，包括软件环回和硬件环回两种，如图 4-25 所示。

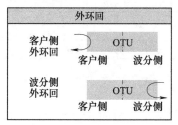
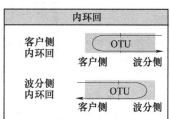

a) 软件环回

b) 硬件环回

图 4-25　软件环回和硬件环回

1）软件环回。软件环回包括外环回和内环回。

外环回可用于测试光纤线路和连接器是否正常。外环回时不改变信号结构，将接入本端设备的信号在信号处理之前直接环回至其对应输出端口。

内环回可用于测试信号在单板中的处理是否正常。内环回指在本端设备内将已经经过信号处理，即将从输出口输出的信号再环回到本段设备的信号输入端口。

2）硬件环回。硬件环回是采用手工方法用尾纤对物理端口（光接口）的环回操作。采用硬件环回一定要加适当的衰减器，以防止接收光功率太强导致光接收模块饱和，或者因光功率太强而损坏光接收模块。对主光路的环回只能通过硬件环回来实现。

（5）替换法

替换法通俗地说，就是用一个工作正常的物件替换一个怀疑工作不正常的物件，适用于排除传输外部设备的问题，或故障定位到单站后，用于排除单站内单板或模块的问题。

替换法对备件有要求，且操作起来没有其他方法方便。插拔单板时，若不小心，还可能导致板件损坏等其他问题的发生。

使用替换法时，被替换的物件可以是光纤、单板、法兰盘、光衰、接入 SDH 设备、供电设备等。

替换法具有对维护人员的要求不高和比较实用的优点。

### 4.2.2　常见故障案例分析

**1. 案例：4 块单板故障**

某省 OSN 8800 项目，某站点多块单板上报 HARD_BAD 告警，多条业务中断。经过初步分析承载业务的 4 块单板发生故障。

4.2.2
常见故障案例分析

（1）故障原因

单板故障导致业务中断的原因多种多样，最有可能的原因有两个：①光模块故障导致业务中断；②电源模块故障导致业务中断。

（2）故障定位过程

经过检查该网元的历史告警发现，发生故障的多块单板最初上报了 TEMP_OVER 告警，然后上报了 HARD_BAD 告警，而后业务中断。检查发现该子架上，其对应的单板温度分别达到 119℃、119℃、82.6℃、72.7℃。这 4 块单板不断复位，无法正常工作。

8800 设备上配置了风扇板，可以通过自动调整转速来调节设备内部温度。查询到风扇板的运转速率为高速，而设备温度依然很高。由此推测，该子架上散热存在问题。

现场检查发现，机房内部灰尘较大，故障单板所在设备的防尘网上布满了灰尘，进风口被堵塞，散热性能差，故障单板温度很高。据此判断，由于防尘网进风口被灰尘堵塞，设备散热性降低，导致业务单板工作温度逐步升高，上报 TEMP_OVER 告警。由于维护人员没有及时排除温度过高告警，单板长时间高温运行，最终导致器件烧坏、业务中断。

（3）故障处理

根据故障结果分析，给出以下总结和建议：

维护人员应该定期清洗设备防尘网，保证设备具备较好的散热条件。当单板上报 TEMP_OVER 告警时要引起足够的重视，及时排除故障。考虑是否为风扇的转速设置不正确或者防尘网进风口堵塞降低了散热能力。

**2. 案例：A、B 两个站点故障**

如图 4-26 所示，图上有 A、B 两个站点。故障现象为 A 站到 B 站其中一路客户业务中断，B 站的客户设备接收无光或接收到大量误码。

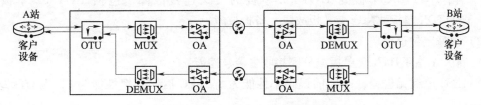

图 4-26　A 站到 B 站故障原理

（1）故障原因

故障是 B 站客户设备接收无光或接收到大量误码，B 站客户设备接收的业务信号流向为：A 站客户设备→A 站 OTU→A 站 MUX→A 站 OA→B 站 OA→B 站 DEMUX→B 站 OTU→B 站客户设备。可能的故障原因包括以下几点。

1）A 站信号发送部分有问题。

2）光路问题（包括光纤和光纤接头）。

3）B 站信号接收部分有问题。

OA 板有输入、输出光功率检测功能。如果出现故障，受到影响的业务不会仅仅是其中一波，所以故障出在 OA 板的可能性很小。而且 B 站的信号流分析方法与 A 站的分析方法类似。

（2）故障定位过程

对上述可能故障原因进行一一排查，采用以下方法。

1）用备件替换 A 站点 OTU 发现故障仍然存在。

2）用备件替换 B 站点 OTU 发现故障仍然存在。

由于只有一路业务中断，因此可排除合波部分光纤问题，更换 OTU 和客户设备之间光纤，发现业务恢复正常。

综上所述，故障原因为客户设备与 OTU 之间光纤损坏导致业务中断。

**3. 案例：A 站 TN11TDX 单板上报 4 路 ODU1_PM_SSF 告警**

如图 4-27 所示，图上有 A、B、C 三个站点。故障现象为 A 站 TN11TDX 单板上报 4 路 ODU1_PM_SSF 告警，TN11NS2 单板上无异常告警，客户 STM-64 业务中断。

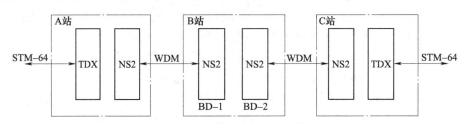

图 4-27　A、B、C 三个站点故障原理

（1）故障原因

故障原因可能如下。

* A 站 TN11NS2 单板故障。

* B 站中两块 TN11NS2 单板间的交叉连接故障，包括 TN11NS2 单板故障、交叉板故障、备板故障。

* B 站朝 C 方向接收故障，包括线路故障、单板硬件故障。

* C 站 TN11TDX 单板到 TN11NS2 单板的交叉连接故障，包括 TN11NS2 单板故障、TN11TDX 单板故障、交叉板故障、备板故障。

（2）故障定位过程

1）确认 A 站 TN11NS2 单板波分侧接收告警、性能。

TN11NS2 单板无告警，FEC 前误码率性能为 8，FEC 后误码率性能为 0，无 OTU2/ODU2 类误码。

打开 TN11NS2 单板 4 个 ODU1 通道的非介入监视使能，该单板上报 4 路 ODU1_PM_SSF 告警。

A 站 TN11NS2 单板，B 站到 A 站的线路均正常，故障告警为上游站点透传下来。

2）确认 B 站 TN11NS2 单板的告警、性能。

* 确认 BD-1：NS2 单板系统侧无任何告警。

* 确认 BD-2：NS2 单板波分侧存在 OTU2_DEG、ODU2_PM_DEG。

* 查询 BD-2：NS2 单板波分侧接收性能，FEC 前误码率为 8。

* 查询 BD-2：NS2 单板历史告警，OTU2_DEG、ODU2_PM_DEG 之前多次瞬报。

- 查询 BD-2：NS2 单板波分侧历史接收性能，FEC 前误码率多个周期发生变化，2~8 之间反复变化。
- 查询 BD-2：NS2 单板波分侧历史接收性能，接收光功率在 -11~-7dBm 发生变化。

B 站 BD-2 的 NS2 单板接收光功率劣化，导致故障发生。需要进一步确认导致该单板接收光功率劣化原因。

3）查询主光路各单板的告警、性能。

- 确认 BD-2：NS2 单板上游光放板输入光口的当前告警、性能，正常。
- 确认 BD-2：NS2 单板上游光放板输入光口的历史告警、性能，发现瞬报 1 次 MUT_LOS 告警，多个性能周期存在最小输入光功率为 -60dBm 的情况。
- 确认 BD-2：NS2 单板上游 TN12FIU 单板的历史告警、性能，无历史告警，输入光功率性能存在 8dBm 的跌落。
- 确认 BD-2：NS2 单板方向 TN11SC2 单板的历史告警、性能，无历史告警，多个周期存在最小输入光功率为 -60dBm 的情况。
- B 站接收 C 站的主光路存在瞬断情况，由于光放接收光功率和 OSC 接收光功率都存在跌落，可以确认是光缆故障。

4）确认 C 站往 B 站发送光功率性能。

- 确认 C 站发 B 站的光放发送光功率历史性能，正常。
- 确认 C 站发 B 站的 TN12SC2 单板发送光功率历史性能，正常。

最终根据故障定位，可确定 B 站和 C 站之间光缆出现故障。

### 4.2.3  实训：光纤熔接

如果光纤断裂，需要专业的设备和技术才能将光纤续接。光纤熔接的质量直接决定通信传输的质量。因此，光纤熔接是通信施工中一项重要的专业技能。

---

**小贴士**

通信光缆的断裂不仅影响人们的生活，更重要的是影响各大网络支付平台，如股票证券、金融系统等。光纤熔接是一项精益求精的工作，必须聚精会神，才能和时间赛跑，整个过程没有重来的机会。抢修光缆断裂故障刻不容缓、分秒必争，保万家通信畅通，将人们的经济损失降到最低，是通信施工人员永远追求的目标。

---

光纤的熔接原理是利用高压电弧将两根光纤断面熔化的同时，用高精度运动机构平缓推进，让两根光纤融合成一根，以实现光纤模场的耦合。

**1. 光纤熔接**

光纤熔接过程中主要用的工具有光纤熔接机、光纤切割刀、光纤剥线钳、剪刀，如图 4-28 所示。所需要的耗材有带尾纤的光纤、热缩套管、酒精棉，如图 4-29 所示。

光纤熔接步骤如图 4-30 所示。

（1）剥除光纤

1）光纤的剥除要掌握平、稳、缓三字剥纤法。"平"即持纤要平，左手拇指和食指捏紧光纤防止打滑，使之成水平状，所露长度以 15cm 为准，如图 4-31 所示。"稳"即光纤剥线钳要握得稳。"缓"即剥除纤芯时缓慢而匀速，防止拉断光纤。

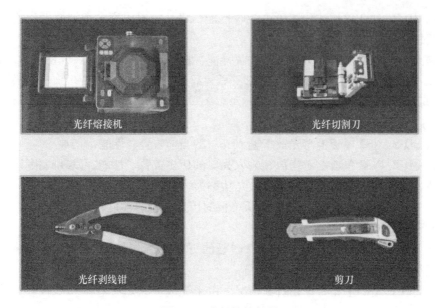

图 4-28　光纤熔接工具

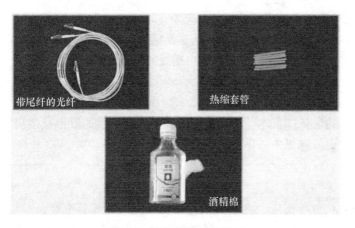

图 4-29　光纤熔接所需耗材

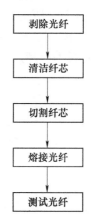

图 4-30　光纤熔接步骤

2）外护套的剥除。利用光纤剥线钳最外层切口将光纤的外护套剥去约 13cm，如图 4-32 所示。剥外护套时光纤剥线钳尽量与光纤形成较小夹角。取下外护套，剪去纤维加强件。

图 4-31　剥除光纤所露长度

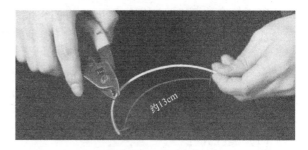

图 4-32　光纤剥线钳最外层切口及剥除光纤长度

3）套热缩套管。将光纤套入热缩套管的内层管，套入时应避免折断光纤。

4）剥除光纤涂覆层和包层。如图 4-33 所示，用光纤剥线钳中间切口将涂覆层剥去约 40mm，为避免拉断纤芯，可分 2~3 次剥除涂覆层。用光纤剥线钳内侧切口剥去纤芯表面包层约 30mm。在这里就要强调一个"缓"字，即剥纤要缓慢而匀速，避免拉断纤芯，光纤剥线钳应与光纤垂直上方向内倾斜一定角度（注意：角度过大会导致光纤断裂），

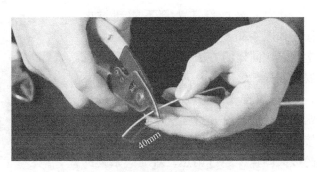

图 4-33　涂覆层剥去约 40mm

如图 4-34 所示，然后用钳口轻轻卡住光纤，右手随之用力，顺光纤轴向平推出去，整个过程要自然流畅，一气呵成。

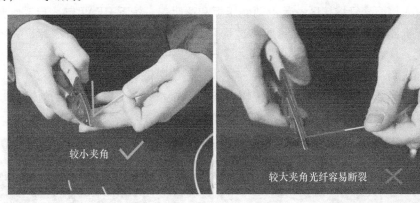

图 4-34　光纤剥线钳应与光纤垂直上方向内倾斜一定角度

5）用手指轻弹光纤，检查在剥除的过程中是否有断纤。

（2）清洁纤芯

将酒精棉撕成层面平整的扇形小块，沾少许酒精，夹住已剥覆的光纤，折成 V 形，顺光纤轴向由内向外分上下、左右、斜面擦拭光纤，不允许来回擦拭。

（3）切割光纤

打开切割刀大压板、小压板，将光纤放置在切割刀 U 型槽处。盖上小压板、大压板。切割时动作要自然、平稳、勿重、勿急，避免断纤、斜角、毛刺及裂痕等不良端面的产生，如图 4-35 所示。将切割后的残余碎屑放入收纳盒内，最后取出光纤。注意不要让纤芯碰触到其他物体。用同样的方法切割好另外一根光纤。

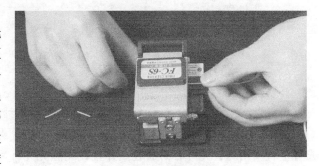

图 4-35　切割光纤

（4）熔接光纤

1）安放光纤：打开光纤熔接机防尘盖，打开一侧压板。将光纤放入 U 型槽端面直线与电极棒中心直线中间约 1/2 的位置处。放入时应先将光纤纤芯头部放入，再放下整条光纤。

注意：光纤纤芯头部不能超过电极，如图4-36所示。盖上压板，盖好防尘盖。用同样的方法将另外一根光纤也安放在光纤熔接机内。

2）熔接光纤：放好已经切割好的两根光纤后，打开熔接机电源，按下熔接启动键。熔接机屏幕上出现两根光纤的放大图像，经过调焦、对准一系列的位置、焦距调整动作后开始放电熔接。

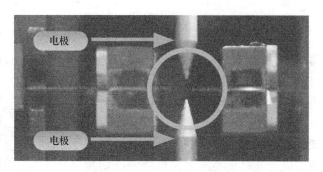

图4-36　光纤纤芯头部不能超过电极

熔接完成后打开防尘盖及压板，取出光纤。将光纤竖直，热缩套管在上利用重力让其自动滑落，让光纤的熔接部位放在热缩套管的正中央，再放平光纤。给它一定的张力，注意不要让光纤弯曲，放入热缩套管熔接区，盖上两侧压板和透明盖，按下HEAT键，启动加热。加热指示灯会亮起，机器会发出警告，说明加热过程完成，指示灯熄灭，拿出冷却，关闭熔接机电源，熔接完成。

（5）测试光纤

将熔接好的光纤，尾纤一端接入光传输设备发送接口，另外一端接入光传输设备收接口。指示灯正常显示为绿色，说明光纤熔接成功，如图4-37所示。

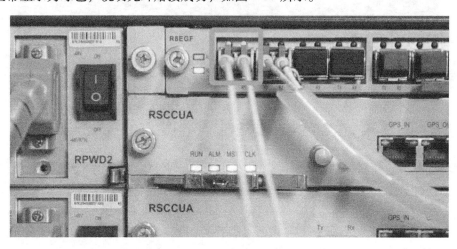

图4-37　测试光纤

## 2. 光纤熔接注意事项

1）剥除光纤：剥除光纤时要使用专业的光纤剥线钳，不能使用制作其他网线的接口钳。

2）在剥除包层和涂覆层时，光纤剥线钳与光纤尽量形成较小夹角，用力均匀。形成较大或者垂直夹角时，光纤容易断裂。并且在剥除完光纤后用手指轻弹光纤，检查剥除过程中是否有断纤。

3）清洁纤芯：清洁光纤时顺光纤轴向由内向外分上下、左右、斜面擦拭光纤，不允许来回擦拭。

4）切割光纤：切割时保证切割端面角为89°±1°，近似垂直，在把切好的光纤放在指定位置的过程中，光纤的端面不要接触任何地方，碰到则需要重新清洁并切割。注意：没有经过光纤切割刀切割的光纤严禁熔接。

　　5）光纤熔接：在安放光纤时，光纤头部位置尽量接近电极但不能超过电极。

## 4.2.4　实训：OTN 设备侧日常维护

**1. 设备侧日常维护注意事项**

（1）安全和警告标识

安全和警告标识见表 4-1。

4.2.4
实训: OTN 设备
侧日常维护

表 4-1　安全和警告标识

| 标识 | 描述 | 标识 | 描述 |
|---|---|---|---|
| ESD | 静电防护标识 | ⚠ ATTENTION 注意　CLEAN PERIODICALLY　定期清扫 | 防尘网定期清洁警告标识 |
| CAUTION（激光器标识） | 激光器等级标识（1M 及以上） | 严禁在风扇高速旋转时接触叶片　DON'T TOUCH THE FAN LEAVES BEFORE THEY SLOW DOWN！ | 风扇安全警告标识 |
| （接地标识图） | 接地标识 | ⚠ APD　Receiver MAX:-9dBm | APD 警告标识 |

- 静电防护标识：提示我们操作时需要佩戴防静电手环或手套，避免静电对单板或人体造成损害。
- 激光器等级标识：提示操作时避免光源直接照射眼睛或者皮肤而造成人身伤害。
- 接地标识：提示设备接地的具体位置。
- 防尘网定期清洁警告标识：提示要定期清洁防尘网。
- 风扇安全警告标识：提示风扇运行时不要触碰。
- APD 警告标识：提示光接口过载点为−9dBm。

（2）单板条形码

单板的条形码样例如图 4-38 所示，每块单板的条形码都是唯一的。对于图中列举的两块单板条形码来说，条形码中的信息除了有 BOM 编码、出厂信息，还包括单板的版本信息、单板的名称及单板的类型、特性码等。

　　这里列举的单板条形码还包括具体部件的 BOM 编码，这些编码都是唯一的标识。另外还有部件的版本、原产国等，如图 4-39 所示。

（3）日常维护注意事项

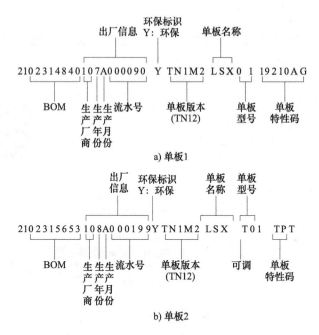

图 4-38　单板的条形码样例

图 4-39　含有版本、原产国等信息的条形码

　　在进行设备侧日常维护时，要注意激光对人体的伤害，尤其是在使用时域反射仪 OTDR 等测试仪时，需要断开对端站与光接口连接的尾纤，防止光功率太强损坏接收侧的光模块，另外还要注意光纤拉曼放大器的维护注意事项。因为光纤拉曼放大器的泵浦光最强可以达到 27dB，所以维护的时候要注意激光对人体和设备的损害。

　　电气安全在维护时也要重点注意，设备上都会插放防静电手环，进行设备维护时必须佩戴防静电手环或手套。在单板维护时，除了要防静电，还要注意单板的防潮及运载时的安全。

**2. 日常维护基本操作**

（1）环境检查

　　在日常维护时，首先要进行运行环境的检查，包括机房设备运行的温度和湿度，用温度计和湿度计来测量。温度和湿度在机架前后没有保护板时进行测量，距地板以上 1.5m、距机架前方 0.4m 处测量最为准确。连续工作不超过 96h 和每年累计不超过 15 天称为短期工作，超过这个数值属于长期工作，设备有长期工作和短期工作的温度和湿度要求，具体要求见表 4-2 和表 4-3。

表 4-2　温度要求

| 机房温度/℃ | 子架温度/℃ | |
| --- | --- | --- |
| | 长期 | 短期 |
| −5~45 | −5~50 | −10~55 |

表 4-3　湿度要求

| 相对湿度 | |
| --- | --- |
| 长　期 | 短　期 |
| 5%~85% | 5%~95% |

（2）电压检查

华为 OTN 设备都能支持−48V/−60V 直流电源供电。不同的电源输入需要在单板上进行跳线设置，还要确保设备的良好接地。

（3）风扇检查

不同设备风扇的位置也有所不同，所以要了解不同型号的设备风扇安装的位置，以及风机盒是否支持带电插拔等问题。风扇板可插拔，为机盒提供散热，使其可以在设计温度下正常、高效地工作。风扇有三种档位：低速率、中速率、高速率，默认档位为低速率，支持手动调速。

（4）指示灯检查

机柜和子架指示灯显示机柜的运行状态、子架的运行状态，以及子架内部的单板告警情况。必须熟悉这些状态是由哪些告警产生的，见表 4-4。

表 4-4　机柜和子架指示灯

| 指示灯 | 名称 | 状　态 | |
| --- | --- | --- | --- |
| | | 亮 | 灭 |
| 红灯 | 紧急告警指示灯 | 当前设备有紧急告警 一般同时伴有声音告警 | 当前设备无紧急告警 |
| 橙黄灯 | 主要告警指示灯 | 当前设备有主要告警 | 当前设备无主要告警 |
| 黄灯 | 次要告警指示灯 | 当前设备有次要告警 | 当前设备无主要告警 |
| 绿灯 | 电源指示灯 | 当前设备供电电源正常 | 当前设备供电电源中断 |

普通单板也有一些指示灯如硬件状态、软件状态等，单板指示灯能够直接反映单板上业务运行的状态，具体见表 4-5。

表 4-5　普通单板指示灯

| 标识 | 指示灯名称 | 可指示颜色 |
|---|---|---|
| STAT | 单板硬件状态灯 | 红、绿 |
| ACT | 业务激活状态灯 | 绿 |
| PROG | 单板软件状态灯 | 红、绿 |
| SRV | 业务告警指示灯 | 红、绿、黄 |
| LINK/ACTn | 数据口连接<br>数据收发指示灯 | 绿 |

（5）光纤连接器的检查

通过显微镜可以看到光纤连接器的损伤程度，不同的损伤程度对于线路的运行影响较大。

光纤尾纤头的灰尘可以通过光纤的擦纤盒或擦纤纸进行清洁。如图 4-40 所示，使用擦纤盒时首先用手向下按擦纤盒的手柄，关闭器向前推开，露出纤芯的清洁棉，然后将尾纤头放入进行擦拭，擦拭完毕后关闭擦纤盒的手柄。

 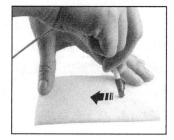

a) 使用擦纤盒　　　　　　　　　　b) 使用擦纤纸

图 4-40　清洁光纤尾纤头

（6）防尘网的清洁

OSN 6800/8800/9800 的设备如图 4-41 所示，防尘网的位置都在设备的底部，但是 8800 T32 的防尘网在设备的中间。防尘网可以用手直接取出来清洁。

a) OptiX OSN 6800　　　　b) OptiX OSN 8800　　　　c) OptiX OSN 9800

图 4-41　OTN 设备防尘网的清洁

### 4.2.5  实训：OTN 网管侧日常维护

**1. 每日维护**

（1）每日维护内容

4.2.5
实训：OTN 网管
侧日常维护

网管侧日常维护项目中的每日维护内容见表 4-6，每日需要检查网元单板状态、告警、性能及浏览设备配置的 Tunnel、PW、业务，另外还要检查网管与网元的时间，检查 DCN（数据通信网络）及温度等。每两周备份网元数据库，每月备份 U2000 数据，每季度做数据备份。

表 4-6  每日维护内容

| 项目 | 内容 |
| --- | --- |
| 每日 | 检查网元和单板状态 |
| | 浏览当前/历史告警 |
| | 浏览当前/历史性能事件 |
| | 浏览 Tunnel 紧急告警 |
| | 浏览 PW 工作状态 |
| | 网元与网管时间同步 |
| | 检查光功率 |
| | 浏览 DCN 通信状态 |
| | 检查温度 |

（2）每日维护的具体操作

每日维护的具体操作方法如图 4-42 所示。

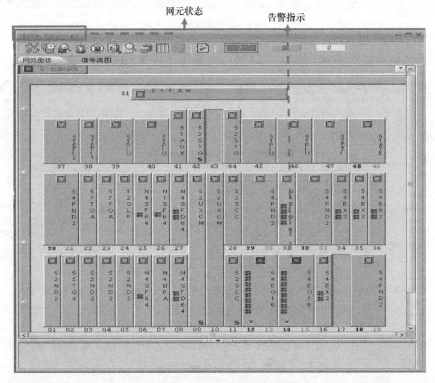

图 4-42  每日维护的具体操作

检查网元和单板的状态，单板的运行状态不同，指示灯显示的颜色就不同，如这里的鲜绿色是单板正常运行的状态，紫色、灰色等是不正常的状态。例如，单板没有插放在物理侧，单板的顶部会有一个指示灯，红色表示有告警。黄色、橙色也表示不同级别的告警。也可以通过左上角板位图来观察，网管侧显示的设备是否在运行状态。

（3）告警浏览

每日维护项目中还有告警浏览，如图 4-43 所示，告警浏览可以直接通过单击网管上类似指示灯的标记，来查看全网的指示灯，也可以查看某个站点的告警、某块单板的告警等。例如图示有绿色背景的告警，表示已经清除，查看清除时间，说明这个告警已经消除。

图 4-43　告警浏览

历史告警的浏览如图 4-44 所示，可以通过浏览历史告警的方法来查看历史出现过的一些

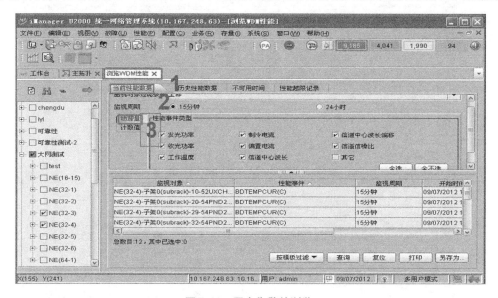

图 4-44　历史告警的浏览

告警情况。性能的查看，单击主菜单"性能"→"浏览 WDM 性能"进行浏览，性能的选项有物理量和计数值，可以根据不同的需求进行选择和查看。另外，性能可以另存，也可以打印等。

（4）Tunnel 的查看

Tunnel 的查看如图 4-45 所示，单击主菜单"业务"→"Tunnel"→"Tunnel 管理"进行查看，可看到不同配置 Tunnel，也可以看到 Tunnel 的运行状态、使能状态等。

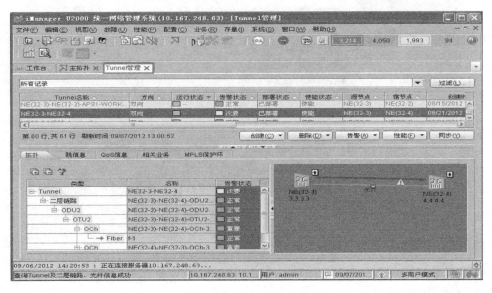

图 4-45　Tunnel 的查看

（5）PW 浏览

1）以太网业务的 PW 浏览如图 4-46 所示，通过"网元管理器"的"分组配置"下的"专线业务"或者"局域网业务"查看。"以太网业务管理"中能够查到 PW 的工作状态。

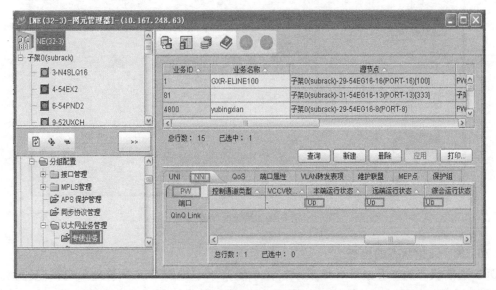

图 4-46　PW 浏览

2）与网管网元的时间同步操作如图 4-47 所示，位置在"配置"→"网元批量配置"→"网元时间同步"中，一般选择的网管与设备的时间同步和网管的时间一致。

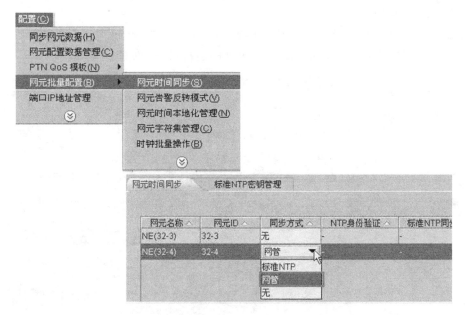

图 4-47　与网管网元的时间同步操作

（6）光功率的检查

光功率的检查如图 4-48 所示，要具体检查某一块单板的光功率。在网元管理器中找到对应的单板，在"配置"菜单的"光功率管理"中查询。

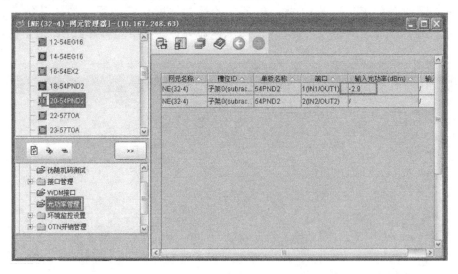

图 4-48　检查光功率

（7）DCN 通信状态的检查

DCN 通信状态的查看如图 4-49 所示，在系统菜单中找到"DCN 管理"，打开后可以查到网关网元的情况，还能够查到网元是否配置了网关和通信状态。通过网元管理器中的 DCN 管理，可以设置扩展 ECC 等操作，还可以查到站点的 DCN 的路由表，查看 DCN 内一些端口的设置、ECC 的链路信息。

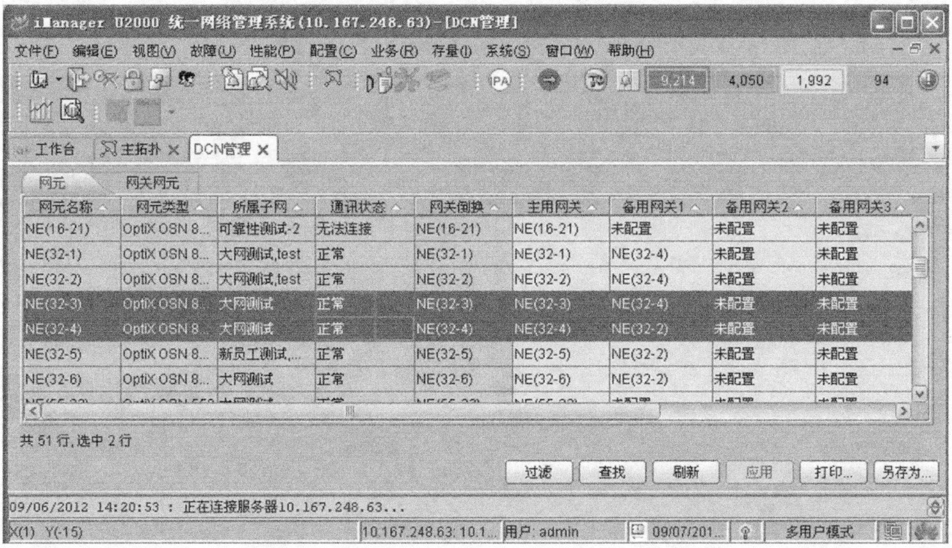

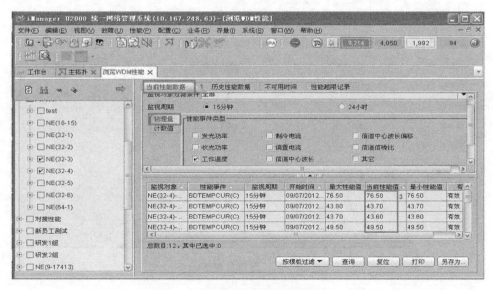

图 4-49  DCN 通信状态的查看

（8）设备温度检查

设备温度检查如图 4-50 所示，浏览 WDM 性能中物理量会有一个工作温度，可以进行相应的查询。

图 4-50  设备温度检查

## 2. 每月维护

每月需要维护的项目为备份数据。可以手动备份网元的数据，如图 4-51 所示，在"网元数据备份/恢复"界面可以做相应的备份和恢复操作，可以选择备份在网管的客户端或者服务器端。

图 4-51　手动备份网元的数据

如图 4-52 所示，可以通过"系统"菜单→网元软件管理"网元备份策略管理"→"新建策略"命令，进行自动备份，包括时间、日期、周期等。

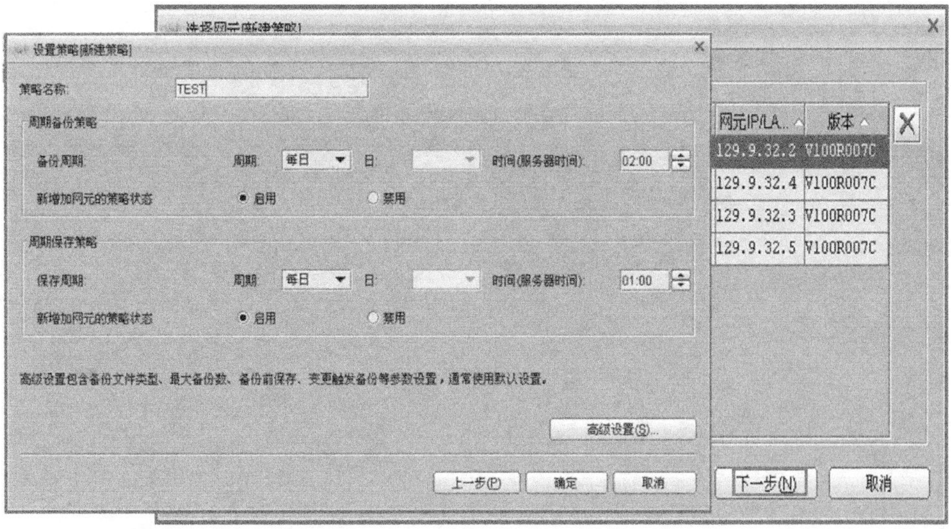

图 4-52　数据自动备份

备份 U2000 的数据：如图 4-53 所示，单击"系统"→"备份/恢复网管数据"→"备份数据库"命令，在弹出的"备份"对话框中进行设置，可以将数据信息备份到 U2000 安装的文件中。

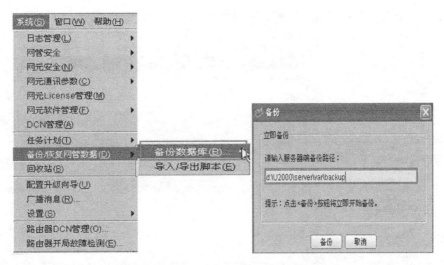

图 4-53　备份 U2000 的数据

### 3. 季度维护

每季度需要维护的项目包括 Tunnel 和 APS，具体操作如图 4-54 所示。要做保护倒换的测试，以防线路维护时保护倒换不正常。这里可以选择人工倒换。如图 4-55 所示，在"网元管理器"内单击"APS 保护管理"，进行保护状态的查询。

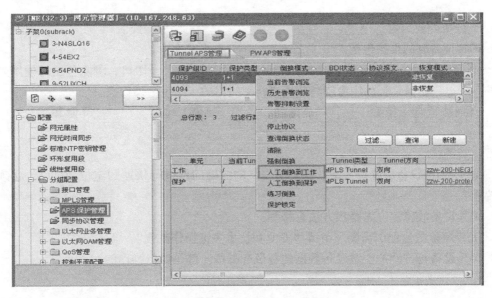

图 4-54　验证 Tunnel APS

### 4. 网管侧其他操作

其他操作包括以太网端口的 RMON（远端网络监控）性能，这是针对分组的单板起到的作用，它包括统计组、历史组、RMON 设置等项目。对于 Tunnel 还有 MPLS TP OAM 等信息的查询和浏览。对于查询激光器状态，选择每一块单板，在其 WDM 接口可以开启或者关闭激光器，也可以做相应的环回操作，如内环回、外环回等。

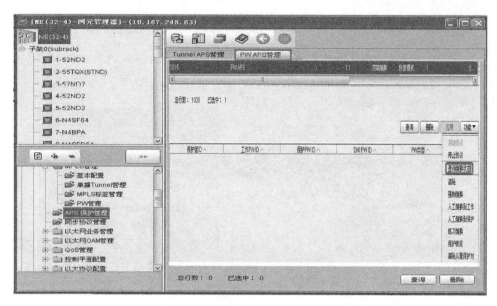

图 4-55　查询 PW APS 保护状态

## 4.2.6　习题

**一、填空题**

1. 光纤由外向内由_____、_____、_____三部分构成。

2. OTN 设备侧的维护包括_____、_____和季度维护。

3. 剥除光纤时，外护套的剥除使用光纤剥线钳的_____切口，剥除包层时使用光纤剥线钳的_____切口，剥除涂覆层时使用光纤剥线钳的_____切口。

4. 环回法适合于排除_____故障和_____故障，包括_____环回和_____环回两种。

**二、简答题**

1. 作为 OTN 设备的维护人员，想要对设备的故障问题进行快速的定位和排除，必须具备哪些要求？

2. OTN 设备故障定位思路和方法有哪些？

3. 光纤熔接的过程中需要注意哪些安全和技术关键操作要领？

4. OTN 设备每月维护中对设备数据的备份有哪些？都是如何操作的？

# 附录 常用缩略语中英文对照表

| 英文缩写 | 英文全名 | 中文解释 |
|---|---|---|
| ADM | Add Drop Multiplexer | 分插复用器 |
| AIS | Alarm Indication Signal | 报警指示信号 |
| APD | Avalanche Photo Diode | 雪崩光电二极管 |
| APS | Automatic Protection Switching | 自动保护倒换 |
| ASON | Automatically Switched Optical Network | 自动交换光网络 |
| ATM | asynchronous Transfer Mode | 异步传输模式 |
| AU-PTR | Administration Unit Pointer | 管理单元指针 |
| BA | Booster（power）Amplifier | 光功率放大器 |
| BDI | Backward Defect Indication | 后向失效指示 |
| BEI/BIAE | Backward Error Indication / Backward Incoming Alignment Error | 后向错误指示/后向接收对齐错误 |
| BIP | Bit Interleaved Polarity | 位间插误码 |
| BOM | Byte Order Mark | 字节顺序标记 |
| BSC | Base Station Controller | 基站控制器 |
| BTS | Base Transceiver Station | 基站收发台 |
| CCITT | International Telegraph and Telephone Consultative Committee | 国际电报电话咨询委员会 |
| CWDM | Coarse Wavelength Division Multiplexing | 粗波分复用 |
| DCC | Data Communication Channel | 数据通信通路 |
| DCM | Dispersion Compensator Module | 色散补偿模块 |
| DCN | Data Communication Network | 数据传输网络 |
| DFB | Distributed Feedback Laser | 分布式反馈 |
| DWDM | Dense Wavelength Division Multiplexing | 密集波分复用 |
| ECC | Embedded Communication Channel | 嵌入式通信信道 |
| EDFA | Erbium Doped Fiber Amplifier | 掺铒光纤放大器 |
| eFBB | Enhanced Fixed BroadBand | 增强型固定宽带带宽 |
| E-LAN | Ethernet- Local Area Network | 以太网-局域网 |
| E-line | Ethernet- Line | 以太网-线型 |
| EML | Electro-absorption Modulated Laser | 电吸收调制激光器 |
| ESC | Electrical Supervisory Channel | 电气监控通道 |
| eSFP | Enhanced Small Form-factor Pluggable | 增强型 SFP |
| ETSI | European Telecommunications Standards Institute | 欧洲电信标准协会 |
| EXP | Experimental Overhead | 试验用开销 |
| F5G | The 5th Generation Fixed Network | 第五代固定网络 |
| FAS | Frame Alignment Signal | 帧定位信号 |

（续）

| 英文缩写 | 英文全名 | 中文解释 |
|---|---|---|
| FDDI | Fiber Distributed Data Interface | 光纤分布式数据接口 |
| FDM | Frequency Division Multiplexing | 频分复用 |
| FE | Fast Ethernet | 快速以太网 |
| FEC | Forward Error Correction | 前向纠错 |
| FFC | Full Fiber Connection | 全光纤连接 |
| FICON | Fiber Connector | 光纤连接器 |
| FOA | Fiber Optic Amplifier | 光纤放大器 |
| FOADM | Fixed Optical Add/Drop Multiplexer | 固定光分插复用器 |
| FRA | Fiber Raman Amplifier | 光纤拉曼放大器 |
| FTEL | Fault Type and Fault Location Reporting Communication Channel | 错误类型和错误位置信息通信通道 |
| FWM | Four-Wave Mixing | 四波混频 |
| GCC | General Communication Channel | 通用通信通道 |
| GE | Gigabit Ethernet | 千兆以太网 |
| GRE | Guaranteed Reliable Experience | 可保障品质体验 |
| HPOH | Higher Order Path Overhead | 高阶通道开销 |
| IAE | Incoming Alignment Error | 接收对齐错误 |
| ISP | Internet Service Provider | 因特网服务提供商 |
| ITU | International Telecommunications Union | 国际电信联盟 |
| ITU-T | International Telecommunication Union-Telecommunication Standardization Sector | 国际电信联盟电信标准分局 |
| LA | Line Amplifier | 线路放大器 |
| LAN | Local Area Network | 局域网 |
| LCK | Lock Signal Function | 信号锁定功能 |
| LD | Laser Diode | 半导体激光器（激光二极管） |
| LED | Light Emitting Diode | 发光二极管 |
| LOF | Loss of Frame | 帧丢失 |
| LOS | Loss of Signal | 信号丢失 |
| LPOH | Lower Order Path Overhead | 低阶通道开销 |
| LPT | Low Order Path Termination | 低阶通道终端 |
| MFAS | Multiframe Alignment Signal | 复帧定位信号 |
| MON | Monitor | 监控口 |
| MS-AIS | Mutiplex Section-Alarm Indication Signal | 复用段告警指示信号 |
| MSOH | Multiplexing Section Overhead | 复用段开销 |
| MSP | Multiplex Section Protection | 复用段保护 |
| MSTP | Multi-Service Transport Platform | 多业务传送平台 |
| NCE | Network Control Equipment | 网络控制设备 |

（续）

| 英文缩写 | 英文全名 | 中文解释 |
|---|---|---|
| NG OTN | Next Generation Optical Transport Network | 下一代光传送网 |
| NNI | Network Node Interface | 网络节点接口 |
| OA | Optical Amplifier | 光放大器 |
| OADM | Optical Add-Drop Multiplexer | 光分插复用器 |
| OAM&P | Operation, Administration, Management & Provision | 运行、管理、维护和供给 |
| OCC | Optical Channel Carrier | 光通道载体 |
| OCH | Optical Channel layer | 光纤信道层 |
| OD | Optical Demultiplexer | 光解复用器 |
| ODU | Optix Division Unit | 分波单元/分波器 |
| ODUk | Optical Channel Data Unit | 光通路数据单元 |
| OLA | Optical fiber Limiting Amplifier | 光纤限幅放大器 |
| OLP | Optical Fiber Line Auto Switch Protection Equipment | 光纤线路自动切换保护装置 |
| OM | Optical Multiplexer | 光复用器 |
| OMS | Optical Multiplexer Section | 光复用段 |
| OMU | Optical Multiplex Unit | 光复用单元/波分复用设备合波器 |
| OOS | OTM Overhead Signal | OTM 负荷信号 |
| OPUk | Optical Channel Payload Unit | 光信道净荷单元 |
| OSC | Optical Supervisory Channel | 光监控信道 |
| OTM | Optical Termination Multiplexer | 光终端复用器 |
| OTN | Optical Transport Network | 光传送网络 |
| OTS | Optical Transmission Sectionlayer Network | 光传输段层网络 |
| OTU | Optical Transform Unit | 光转化单元 |
| OTUk | Optical Channel Transport Unit | 光信道传送单元 |
| OXC | Optical Cross-connect | 光交叉连接 |
| PA | Pre-Amplifier | 前置放大器 |
| PCM | Pulse Code Modulation | 脉冲编码调制 |
| PDH | Plesiochronous Digital Hierarchy | 准同步数字系列 |
| PID | Photonics Integration Device | 光子集成 |
| PM | Path Monitoring | 路径监视 |
| POH | Path Overhead | 通道开销 |
| PON | Passive Optical Network | 无源光纤网络 |
| PRBS | Pseudo Random Binary Signal | 伪随机二进制信号 |
| PSI | Payload Structure Identifier | 净荷结构指示 |
| PT | Payload Type | 净荷类型 |
| PTN | Packet Transport Network | 分组传送网 |
| PW | Pseudo Wire | 虚链路/伪线 |
| REG | Regenerator | 再生器 |

（续）

| 英文缩写 | 英文全名 | 中文解释 |
|---|---|---|
| RES | Reserved for Future International Standardization | 保留字节 |
| RNC | Radio Network Controller | 无线网络控制器 |
| ROADM | Reconfigurable Optical Add/Drop Multiplexer | 可重构光分插复用器 |
| RSOH | Regeneration Section Overhead | 再生段开销 |
| SDH | Synchronous Digital Hierarchy | 同步数字体系 |
| SDM | Space Division Multiplexing | 空分复用系统 |
| SFP | Small Form Factor Pluggable | 小封装可热插拔 |
| SM | Section Monitoring | 段开销监视 |
| SMN | SDH Management Network | SDH 管理网 |
| SNCP | Subnetwork Connection Protection | 子网连接保护 |
| SOA | Semiconductor Optical Amplifier | 半导体光放大器 |
| SOH | Section Overhead | 段开销 |
| SONET | Synchronous Optical Network | 同步光纤网络 |
| SRS | Stimulated Raman Scattering | 受激拉曼散射 |
| STAT | Status Bits Indicating the Presence of a Maintenance Signal | 指示当前维护信号的状态比特 |
| STM-n | Synchronous Transport Module level n | 同步传输模块 n 级 |
| TCM | Tandem Connection Monitoring | 串接监视 |
| TDM | Time Division Multiplexing | 时分复用 |
| TDMA | Time Division Multiple Access | 时分多址接入 |
| TTI | Trail Trace Identifier | 跟踪标记 |
| TU-PTR | Branch Units of a Pointer | 支路单元指针 |
| UNI | User Network Interface | 用户网络接口 |
| VC | Virtual Container | 虚容器 |
| VR | Virtual Reality | 虚拟现实 |
| WDM | Wavelength Division Multiplexing | 波分多路复用 |
| XFP | 10 Gigabit Small Form Factor Pluggable | 10Gbit 可热插拔光学收发器 |

# 参 考 文 献

［1］华为技术有限公司 . 网络技术培训：传送网［Z］. 2020.

［2］李方健，周鑫 . SDH 光传输设备开局与维护［M］. 2 版 . 北京：科学出版社，2015.

［3］周鑫，王远洋 . PTN 分组传送设备组网与实训［M］. 北京：机械工业出版社，2019.

［4］王健，魏贤虎，易准，等 . 光传送网（OTN）技术、设备及工程应用［M］. 北京：人民邮电出版
社，2016.

［5］沈建华，陈健，李履信 . 光纤通信系统［M］. 3 版 . 北京：机械工业出版社，2014.

［6］李世银，李晓滨 . 传输网络技术［M］. 北京：人民邮电出版社，2018.